BIM建模基础

主　编　安　娜　王全杰
副主编　徐锦枫　方　锐　陈艳燕
刘勇军　周见光

北京理工大学出版社
BEIJING INSTITUTE OF TECHNOLOGY PRESS

内 容 提 要

本书集成了Revit结构、建筑、机电三大建模模块，主要内容包括结构标高与轴网、结构模型搭建、建筑标高与轴网、墙体与楼板、门窗与幕墙、楼梯和台阶坡道、屋顶、场地、送风系统、排水系统、建筑供电系统、GFC导入GCL应用12个项目。本书编写任务明确，步骤简洁，以够用为原则，并选择一座学生宿舍作为模型，以校园实景为建设资源，从而贴近学生生活，提高学生学习积极性。

本书可作为高等院校土木工程类相关专业的教学用书，也可作为BIM从业人员的参考用书。

图书在版编目（CIP）数据

BIM建模基础 / 安娜，王全杰主编.—北京：北京理工大学出版社，2020.7（2020.8重印）
ISBN 978-7-5682-8800-2

Ⅰ.①B… Ⅱ.①安… ②王… Ⅲ.①建筑设计－计算机辅助设计－应用软件－高等学校－教材 Ⅳ.①TU201.4

中国版本图书馆CIP数据核字（2020）第137156号

出版发行 / 北京理工大学出版社有限责任公司
社　　址 / 北京市海淀区中关村南大街5号
邮　　编 / 100081
电　　话 / （010）68914775（总编室）
（010）82562903（教材售后服务热线）
（010）68948351（其他图书服务热线）
网　　址 / http://www.bitpress.com.cn
经　　销 / 全国各地新华书店
印　　刷 / 天津久佳雅创印刷有限公司
开　　本 / 787毫米 ×1092毫米 1/16
印　　张 / 9.5
字　　数 / 196千字
版　　次 / 2020年7月第1版 2020年8月第2次印刷
定　　价 / 55.00元

责任编辑 / 江　立
文案编辑 / 江　立
责任校对 / 周瑞红
责任印制 / 边心超

图书出现印装质量问题，请拨打售后服务热线，本社负责调换

前　言

Preface

“BIM 建模基础”是一门新兴课程，其编写的深度、广度难于控制，我们通过对近年毕业生进行调研，发现建模需求量最大的并不是建筑建模，而是机电建模，所以我们弱化建筑建模，强化机电建模，紧跟国内外建筑信息技术发展动态，编写了本书。

本书依据某学生宿舍楼建立模型的过程进行编写，教材编写建设过程主要经历了以下五个阶段：

第一阶段：我们根据学生实际就业需求，关注国内外建筑信息技术发展动态，收集积累相关的文献资料。

第二阶段：在“BIM 建模基础”教学的不同阶段，有针对性地对教师的教学和学生的学习进行测评，听取教师和学生对课程的评价和意见，及时调整教材建设方案。

第三阶段：对不同的建筑进行试建模，先后建立了行政楼、食堂和学生宿舍的模型，最终确定以学生宿舍模型为蓝本，建设教材。

第四阶段：美化学生宿舍模型，修改模型直至适合教学要求，编写校本教材粗稿。

第五阶段：用校本教材进行教学试用，在教学中我们不断收集教师与学生意见，不断改进、不断总结，最终形成成果。

经过不懈努力，教材形成了以下鲜明的特色：

1. 集成 Revit 结构、建筑、机电三大模块，使学生全面了解 Revit 软件强大的功能；

2. 适应学生就业市场需要，弱化建筑建模，强化机电建模；

3. 以够用为原则，不追求偏、难、怪造型，以建造一个工整、实用的房子为教学目的；

4. 任务明确，步骤简洁，叙述简明扼要；

5. 贴近学生生活，以校园实景为建设资源，提高学生学习积极性；

6. 说明导入广联达 GCL 的方法，有利于后续深入应用模型。

本书由安娜、王全杰担任主编，由徐锦枫、方锐、陈艳燕、刘勇军、周见光担任副主编，具体编写分工如下：安娜编写绪论、项目三至项目五、项目八至项目十一，整理所有 1+X 拓展练习；徐锦枫编写项目一、项目二、项目七，周见光编写项目六，方锐编写项目三至项目六的项目说明与项目分析部分，陈艳燕编写项目八至项目十一的项目说明与项目分析部分，广联达科技股份公司王全杰、刘勇军编写项目十二，最后由安娜与王全杰审核模型，由方锐统一整理稿件并重绘用于导入的 CAD 图。

本书拥有与教材配套 PPT、配套视频资源、配套 CAD 图，1+X 在线课程资源将同步更新，读者可通过扫描右侧二维码或登录以下网址获取：https://mooc1-1.chaoxing.com/course/200986070.html。

限于编者水平有限，书中的疏漏、谬误之处在所难免，敬请读者批评指正。

编　者

目 录

Contents

绪论

0.1 BIM 技术概述

BIM是“Building Information Modeling”建筑信息模型的英文缩写。其是通过将建设项目建成参数化、信息化、虚拟化实体模型呈现，形成开放式工作平台，使建筑信息能够在各参建方、各专业之间形成有效的资源共享，并通过数据整合分析，使建设项目能够得到更有效的管理。

0.2 BIM 软件的类型

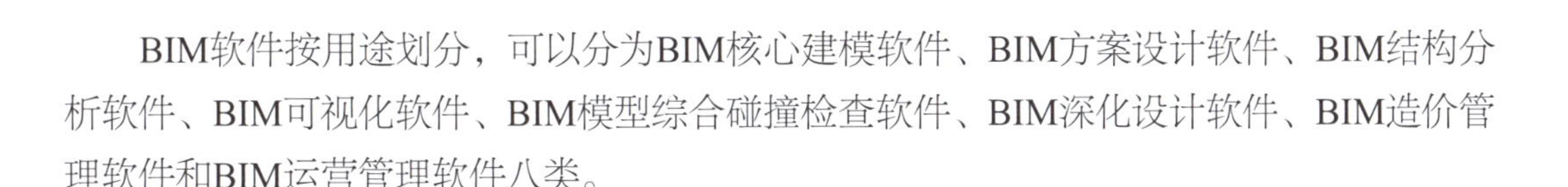

BIM软件按用途划分，可以分为BIM核心建模软件、BIM方案设计软件、BIM结构分析软件、BIM可视化软件、BIM模型综合碰撞检查软件、BIM深化设计软件、BIM造价管理软件和BIM运营管理软件八类。

0.2.1 BIM 核心建模软件

（1）Autodesk公司的Revit建筑、结构和机电系列。因AutoCAD在民用建筑市场深入人心，有极高的市场占有率，所以本书将重点予以介绍。

（2）Bentley建筑、结构和设备系列。Bentley产品在工厂设计（石油、化工、电力、医药等）和基础设施（道路、桥梁、市政、水利等）领域有无可争辩的优势，其为建筑工程提供的可持续性具体解决方案包括AECOsim、RAM、GenerativeComponents、Speedikon等。

（3）Nemetschek的ArchiCAD产品。其在建筑设计领域较受欢迎，但是由于汉化水平不高，与其他专业常常不能匹配，故在综合性模型建模上呈现劣势。

（4）Dassault（达索）公司的CATIA产品。其是机械设计制造软件，在航空、航天、汽车等领域具有接近垄断的市场地位，对复杂形体与超大规模建筑具有较高的建模能力、表现能力和信息管理能力。为了更好地在建筑领域运用，Gery Technology公司在CATIA基础上开发了Digital Project，使其成为一个面向工程建设行业的应用软件。

（5）天正公司的天正CAD。天正CAD是一款基于AutoCAD的软件。由于其紧跟国内的规范与标准，更新及时，十分受设计人员欢迎，建模速度与Revit相近，因此，目前有很多单位使用这款软件。

0.2.2 BIM 方案设计软件

目前主要使用的BIM方案设计软件有Onuma Planning System、Affinity等。

0.2.3 BIM 结构分析软件

国外结构分析软件有ETABS、STAAD、Robot等，但由于设计规范与国内有差异，大家更青睐国产中国建筑科学研究院的PKPM。

0.2.4 BIM 可视化软件

常用的可视化软件包括3ds Max、Artlantis、AccuRender、Sketchup、Lightscape等。这些软件可以自主建模，但模型的信息化水平低，目前常常用于BIM模型的后期渲染。

0.2.5 BIM 模型综合碰撞检查软件

常见的模型综合碰撞检查软件有Bentley Projectwise Navigator、Autodesk、Navisworks、Solibri Model Checker等。鲁班、广联达、斯维尔公司也有自己的BIM审图软件。

0.2.6 BIM 深化设计软件

Tekla Structures可以进行混凝土与钢结构深化设计，在钢结构领域具有垄断地位。

0.2.7 BIM 造价管理软件

国外的BIM造价管理软件主要有Innovaya和Solibri；国内的BIM造价管理软件主要

有广联达、鲁班、斯维尔软件。其中，广联达作为上市公司，市场占有率较高，是国内BIM造价管理软件的代表。

0.2.8 BIM运营管理软件

ArchiBUS、Navisworks是国际上最具有市场影响的运营管理软件。运营管理软件能将进度、造价等文件导入3D模型文件，并附着于模型上，形成BIM5D。BIM5D有漫游、碰撞检查和施工模拟三个主要应用功能。国内的广联达、鲁班、斯维尔均推出了自己的BIM5D，并正在努力进行工程推广。

0.3 Revit建模插件

Revit建模插件主要有两个方面用途：一是提高建模速度；二是将Revit模型导入国产BIM软件中。

0.3.1 速博

由于钢筋在Revit的建模过程中比较困难，因此，Autodesk公司开发了官方插件速博。2019版以后Revit增加了钢模板，不再提供速博插件。

0.3.2 橄榄山快模

橄榄山快模是可以将CAD图纸转换成Revit模型的插件。其从CAD图纸中提取信息，再用Revit读取这个信息，生成Revit模型。橄榄山快模相当于联系Revit与CAD的桥梁，因此，一般需要在两个软件都安装插件以相互关联。如果只在Revit安装橄榄山快模插件，应把CAD文件导入到Revit里。

0.3.3 鸿业BIMspace

鸿业BIMspace是为了解决Revit不易掌握、效率低的问题而开发的。其在排水、暖通和电气专业建模领域具有一定的优势。

0.3.4 MagiCAD

MagiCAD是一款基于AutoCAD或Revit的插件，其拥有目前数量最大的设备族库。与Revit MEP相比，MagiCAD在电缆桥架上生成支吊架的功能更加方便，其主要应用于机电建模。

0.4 BIM建模精度

0.4.1 LOD概念

美国建筑师协会（AIA）为了规范BIM参与各方及项目各阶段的界限，其在2008年的文档E202中定义了LOD的概念。BIM模型精度即模型的细致程度，英文叫作Level of Details，也叫作Level of Development。其描述了一个BIM模型构件单元从最低级的概念化的程度发展到最高级的演示级精度的步骤。我国《建筑信息模型设计交付标准》（GB/T 51301—2018）对LOD的分级做出了符合我国国情的五个阶段。

0.4.2 BIM模型精度等级

《建筑信息模型设计交付标准》（GB/T 51301—2018）依据模型单元用途，以及相应阶段构件所应该包含的最小模型单元分为四个级别，建筑信息模型包含的最小模型单元应由模型精细度等级衡量，模型精细度基本等级划分应符合表0-1的规定。根据工程项目的应用需求,可在基本等级之间扩充模型精细度等级。

表0-1　模型精细度基本等级划分

等级	代号	包含的最小模型单元	模型单元用途
1.0 级模型精细度	LOD1. 0	项目级模型单元	承载项目、子项目或局部建筑信息
2.0 级模型精细度	LOD2. 0	功能级模型单元	承载完整功能的模块或空间信息
3.0 级模型精细度	LOD3. 0	构件级模型单元	承载单一的构配件或产品信息
4.0 级模型精细度	LOD4. 0	零件级模型单元	承载从属于构配件或产品的组成零件或安装零件信息

0.5 BIM 模型交换标准

为了让不同BIM系统能够完整有效地进行信息交换，必须有通用的信息交换标准。目前被BIM系统开发公司接受的标准有：STEP（Standard for the Exchange of Product model data）、IFC（Industry Foundation Classes）和CIS/2（CIMsteel Integration Standards Release 2）。目前应用最为广泛的是IFC。

IFC（Industry Foundation Classes）是由IAI（International Alliance for Interoperability）国际组织提出且维护，针对AEC/FM领域设计的公开信息交换标准。其目的在于让建筑物生命周期所有软件能够由IFC描述建筑信息，进而提高信息的交换性与再用性。IAI推进的Building Smart计划即是以IFC为基础实现BIM的理念。IFC从1.5版开始释出，目前最新版本为2x3 Final。

IFC标准以架构而言可以分为四个层次，由下而上分别为：资源层（Resource Layer）、核心层（Core Layer）、共享层（Interoperability Layer）和领域层（Domain Layer），每层分别定义了不同种类的数据类型（Data Type）与实体（Entity）。

（1）资源层位于IFC架构的最底层，此层定义较一般性的实体，包含的内容有空间、材料、几何、属性、结构荷载核心层定义IFC基础的实体，此层的实体定义了许多共同的接口，它们可被信息交换层或专业领域层的实体参考或继承。核心层包含的内容有控制扩展、产品扩展、内容扩展。

（2）共享层定义能够在AEC/FM 领域内做信息交换的共同实体，例如：梁、柱、门、窗、空间等信息；并且，各个专业领域可将其信息附加于此层的实体上，共享层包含的内容有建筑服务、组件、管理、设施等。

（3）领域层定义AEC/FM 内各专业领域的实体，包括建筑、结构分析、营建管理、设施管理、机电设备、水电空调、配管工程等专业领域的实体，例如：结构分析的分析模型、结构分析的束制条件、营建管理的人力资源。

0.6 BIM 技术的实施

0.6.1 统一 BIM 软件标准

项目总包单位依据相关约定，在初步设计模型的基础上，规范各个分包BIM的工作，为了便于BIM模型的最终完善，因此，建立统一的BIM软件标准。

以Autodesk公司为例： Revit Architecture、Revit Structure、Revit MEP建模均采用统一的版本号，同版本的Navisworks用来进行碰撞检查和4D施工模拟。如有特殊情况，需与总包协商分包再根据实际需要选用其他应用程序，但应确保提交的模型文件可以被Revit系列软件和Navisworks与文件正确读取和修改；同时，还必须确保提交的模型文件可以在Revit系列软件下被正确地添加各类信息，做到真正的建筑信息集成。

0.6.2 统一 BIM 技术运用规范

应统一BIM技术运用标准来规范BIM技术的使用。BIM技术标准的主要内容包括：文件夹结构、构件命名规则、模型分类规则、模型附加信息和模型的深度标准。

核心BIM团队必须就模型的创建、组织、沟通和控制等达成共识，保证BIM模型的正确性和全面性。其包括以下几个方面：

（1）参考模型文件统一坐标原点，以方便模型集成。

（2）定义一个由所有使用方使用的文件名结构。

（3）定义模型的正确性和允许误差协议。

0.6.3 BIM 建模过程质量控制

为了确保项目整体的模型质量，项目进展过程中的每一个阶段模型，在对所有参与方发布前必须需要完成以下质量检查：

（1）视觉检查：保证模型充分体现设计意图，外观合格。

（2）碰撞检测：碰撞检测时为了提高效率，避免过多的系统负担，应分层、分区域、分构件进行碰撞，不应所有构件同时参与碰撞。不同专业之间及专业和专业内部之间应有相关的流程来规范。

（3）标准检查：检查模型是否遵守既定的建模标准。

（4）元素核实：保证模型中没有未定义或定义不正确的元素。

0.6.4 BIM 审图

BIM审图是指全体模型完成后进行所有模型的碰撞检测，检测合格之后方可出图。综合性的模型碰撞检测对计算机等设备的要求较高，必须事先核实设备运转的能力是否能支持碰撞检测。如果不能支持碰撞检测，在运行中可能会出现卡顿甚至崩溃的情况。如果审图出现问题，应向建模各参与单位提交碰撞检测报告，双方协商修改。

0.7 Autodesk Revit 界面

Autodesk Revit 2014软件工作界面如图0-1所示。

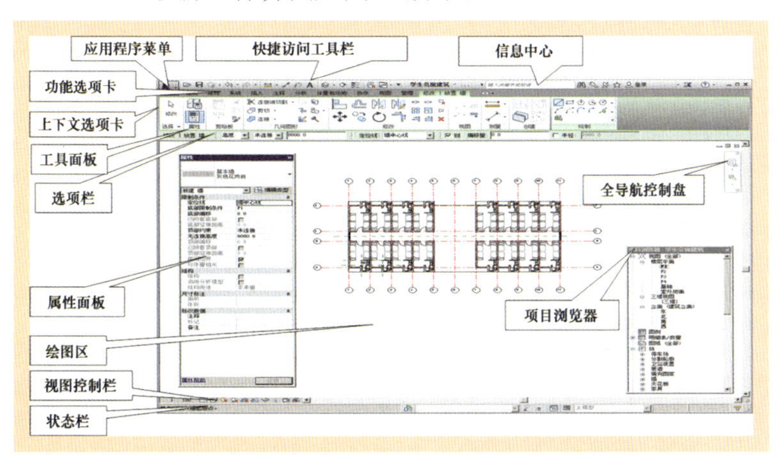

图 0-1 Autodesk Revit 2014 软件工作界面

0.7.1 应用程序菜单

单击左上角的R图标可以调出应用程序菜单，如图0-2所示。

0.7.2 快捷访问工具栏与信息中心

R图标右侧上方的快捷访问工具栏可以找到常用快捷命令；信息中心可搜索相关信息。

0.7.3 功能选项卡

功能区由上至下分为功能选项卡、上下文选项卡和工具面板三个部分。在功能选项卡上，单击鼠标左键可以打开以下功能命令：建筑、结构、系统、插入、注释、分析、体量和场地、协作、视图、管理、修改。最右侧的下拉三角形为功能区三种显示类型的选择按钮。

图 0-2　应用程序菜单

0.7.4　上下文选项卡

上下文选项卡中显示最终使用的工具，显示工具类型与上方功能选项卡及下方工具面板相关，某些工具具有下拉列表，可以选择所需要的命令类型。

0.7.5　工具面板

将上下文选项卡中的工具分组，便于查找。

0.7.6　选项栏

选择不同命令时，选项栏会列出不同的选项，从中可选择子命令或设置相关参数。

0.7.7 绘图区

绘图区内能够展示模型的绘制结果，模型的旋转、放大、缩小等展示方式可用全导航控制盘、ViewCube来实现。

0.7.8 项目浏览器

Revit把所有楼层平面、顶棚平面、三维视图、立面、剖面、图例、明细表、报告、施工图图纸、族、透视、渲染等全部分类放在项目浏览器中统一管理。双击视图名称即可打开视图，单击视图名称并单击右键即可找到复制、重命名、删除等常用命令。

0.7.9 视图控制栏

单击视图控制栏中的按钮，即可设置视图的比例、详细程度、模型样式、设置阴影、裁剪区域、隐藏/隔离等。

0.7.10 状态栏

当选择、绘制、编辑图元时，系统会在状态栏提示下一阶段的操作方向。

0.7.11 属性面板

选择图元或在视图空白处单击鼠标右键，便可找到删除、缩放及相关的常用命令。

0.8 Autodesk Revit 界面

Revit模型是一个设计和记录系统，可提供建筑项目所需使用的有关项目设计、范围、数量和阶段等信息。Revit的基本术语有项目、图元、类别、族等。

Revit文件格式有四种：rvt格式为项目文件；rte格式是样板文件；rfa格式为族文件；rft格式为族样板文件。

0.8.1 Revit项目与项目样板

一个Revit项目就是一个建筑信息数据共享平台。项目文件包含了建筑的所有信息（三维视图、平面视图、立面视图、明细表、构件的参数等）。项目参与各方通过使用项目文件，在任意视图修改项目，都可以在所有关联区域中进行相应修改，可提高项目管理效率。

样板文件是一个系统性文件，Revit自带有结构、建筑、机电等样板，其中的内容根据不同专业的需求，对单位、线形、构件的显示方式，族的内容等进行相应配置。基于样板的新建项目可直接使用样板自带的所有族、设置。

0.8.2 图元

Revit项目由图元构成，图元按用途划分，可分为模型类图元、基准类图元、视图类图元（图0-3）。

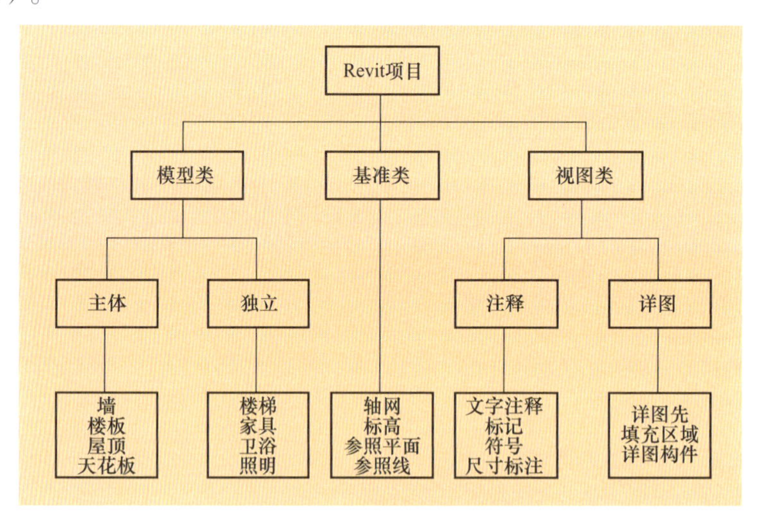

图 0-3　Revit 项目与图元

以本书结构模型为例，主体图元主要包括结构基础、结构柱、梁以及楼板，使用基准类图元标高、轴网定位，使用视图类图元予以注释说明。

0.8.3 族

族是Revit参数化建模的基础。在创建项目时，Revit图元均由特定族产生。

族是某一类别中图元的类。族根据参数（属性）集的共用、使用上的相同和图形表示的相似来对图元进行分组。一个族中不同图元的部分或全部属性可能有不同的值，但是属性的设置（其名称与含义）是相同的。

0.8.3.1　Revit族的分类

Revit族可分为系统族、标准构件族和内建族三种。

（1）系统族是Revit预定义的族，如建筑功能选项卡下的墙、窗等基本建筑构件，系统族可以被复制、修改，可以通过“项目传递”在不同项目之间共享，但不能作为单个文件载入或创建。

（2）标准构件族一般存储在软件族库中，可以载入到项目中，也可以根据族样板创建。可以独立于项目环境外，以rfa文件保存。

（3）内建族是用户在单个项目的构件项中创建的自定义图元，一般是不能重复使用的，仅能在本项目使用，不能保存为rfa文件传递到其他项目。由于内建图元在项目中的使用受到限制，因此每个内建族都只包含一种类型。

0.8.3.2　标准构件族的层次

单击Revit系统族，在弹出的相应属性对话框中单击编辑类型，可以选择合适的标准构件族。如果样板自带的标准构件族不满足要求，可以从软件族库载入属于同一类别的标准构件族，新建合适的类型、实例。以百叶窗为例，如图0-4和表0-2所示。

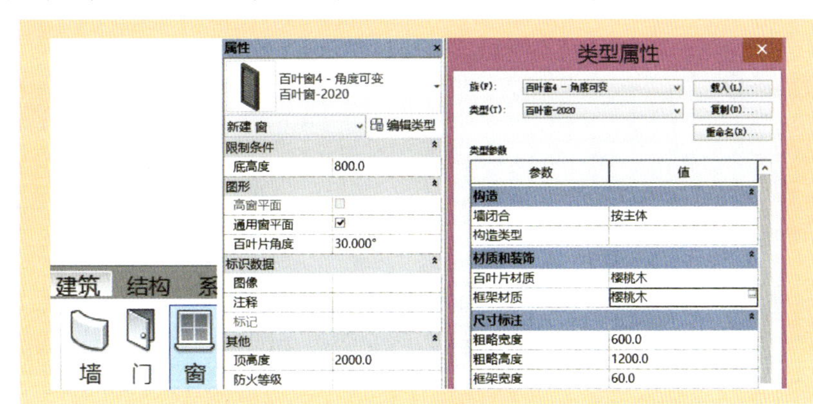

图 0-4　Revit 标准构件族的层次

表0-2　族的层次

序号	层次	名称	参数设置	参数示例
1	类别	窗	无	无
2	族	百叶窗 4- 角度可变	无	无
3	类型	百叶窗 -2020 （名称可修改、复制）	类型属性参数	百叶片材质：樱桃木 宽度：600 高度：1 200
4	实例	顶高度为 2 000，百叶片角度为 30° 的百叶窗 -2020	实例属性参数	顶高度：2 000 百叶片角度：30°

每一个标准构件族都可以通过类型属性参数定义尺寸或材质等特征，形成新的类型，如表0-2中的百叶窗-2020。

实例是类型放置在项目中的实际个体（单个图元），通过实例属性参数定义个体在建筑（模型实例）或图纸（注释实例）中的具体位置，如表0-2中的顶高度为2 000，百叶片角度为30° 的百叶窗-2020。

0.8.3.3 族创建的方式

（1）拉伸。基于某个工作平面上的闭合轮廓创建，拉伸的起点与终点均在垂直于该工作平面方向上。可通过参数定义拉伸起点与拉伸终点位置。

（2）旋转。基于绘制在同一个工作平面上的线和二维形状而创建。线用于定义旋转轴，二维形状绕该轴旋转后形成三维形状。主要用于绘制环形或圆球形。

（3）放样。基于沿某个路径放置的单个二维轮廓创建。轮廓垂直于用于定义路径的一条线。

（4）放样融合。基于沿某个路径放置的两个二维轮廓而创建。轮廓垂直于用于定义路径的线。

（5）融合。融合了底部和顶部两个工作平面上的轮廓的形状创建。两个工作平面中，第一端点为底部，第二端点为顶部。可通过参数定义两端点位置。

（6）空心形状。切出各种孔洞。

0.8.4 体量

Revit体量一般用于项目前期概念设计阶段，可以提供在三维方向上的自由形体模型。使用概念体量模型完成后，可以统计模型的面积、体积等数据；可以赋予概念体量模型表面墙、楼板、屋顶等，进行从概念设计到方案、施工图设计的转换。体量保存为.rfa文件，与族文件名称相同，但在操作上完全不同。

0.8.4.1 体量的分类

体量可以分为概念体量和内建体量两种。

（1）概念体量一般存储在软件族库中，可以载入到项目中，也可以根据族样板创建。可以独立于项目环境外，以rfa文件保存。建模方式为：应用程序菜单→新建→概念体量。

（2）内建体量是用户在单个项目中创建的自定义图元，一般是不能重复使用的，仅能在本项目使用，不能保存为rfa文件传递到其他项目。建模方式为：体量和场地→概念体量→内建体量。

0.8.4.2 概念体量创建工具

概念体量常用创建工具有参照平面、参照线、模型线和创建形状四个。灵活地使用这些工具，可以满足任何形体的创建。

体量的建模如果需要三个及以上轮廓，且轮廓都不在一个平面上，建模的流程（以曲屋面为例）为：参照平面→参照线→模型线→创建形状。

体量的建模如果需要两个及以下轮廓，且轮廓都不在一个平面上，建模的流程为：参照线→模型线→创建形状，就不需要绘制参照平面，直接在系统样板自带参照平面上建模即可；如果只有一个轮廓，可以简化为：模型线→创建形状。

1. 模型线与参照线

模型线与参照线的选项卡是相同的，但两者在建模中的用途是不同的，如图0-5所示。

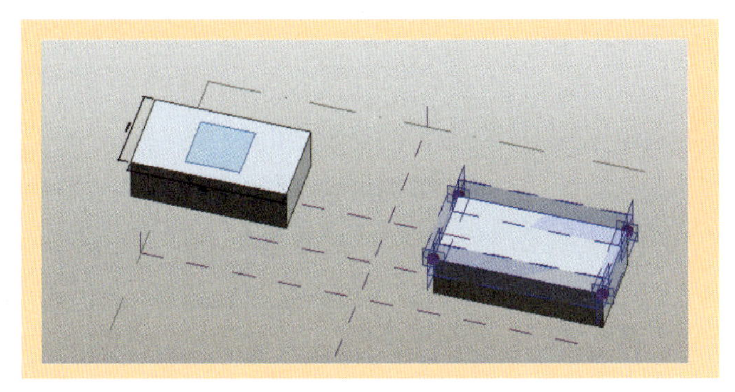

图 0-5　模型线（左）与参照线（右）

参照线提供四个用于绘制的面或平面，一个平行于线的工作平面，一个垂直于该平面，另外在每个端点各有一个。选择工作平面后，可以将光标放置在参照线上，并按 Tab 键在这四个面之间切换。

模型线是基于工作平面的图元，可以形成体量的轮廓线，也可以使用它们表示几何图形（例如，绳索或缆索）。

在实际应用中，应注意两者的关系：

（1）参照线是比模型线约束等级更高的线，在做体量建模过程中，可以用参照线来作为轨迹（或旋转轴）约束模型线，但模型线是不能约束参照线的。

（2）在体量中，模型线和参照线是可以相互转化的。

（3）模型线在载入项目时可见，参照线在载入项目时不可见。

2. 创建形状

使用“创建形状”工具可以创建两种类型的体量模型对象：实体模型和空心模型。一般情况下，空心模型将自动剪切与其相关的实体模型。使用“修改”选项卡“编辑几何图形”面板中的“剪切几何图形”和“取消剪切几何图形”工具，可以控制空心模型是否剪切实体模型。在创建概念体量时，可以为概念体量创建参数化约束。

0.8.4.3 概念体量编辑

创建基本概念体量模型后，可以使用编辑轮廓、添加边、添加轮廓等方式灵活编辑和修改概念体量模型的点、边和面，从而生成复杂概念体量模型。

创建完概念体量模型后，可以使用表面分割工具对体量表面或曲面进行划分，划分为多个均匀的小方格，即以平面方格的形式替代原曲面对象。方格中每一个顶点位置均由原曲面表面点的空间位置决定。例如，在曲屋面中，屋面由多块平面玻璃嵌板沿曲面方向平铺而成。

0.9 后期处理

0.9.1 标注

单击“注释”→“尺寸标注”→“对齐”，会跳转到“修改|放置尺寸标注”界面，此时的选项栏出现三个提示：参照、拾取、选项，可以在“参照”项选择标注基于中心线或表面、核心层等参照；在“拾取”项选择基于“单个参照点”或“整面墙”；当选择“整面墙”时，会弹出如图0-6所示界面。利用“相交轴网”，可以快速标注与墙相交的轴网；利用“洞口”，可以快速标注门或窗。

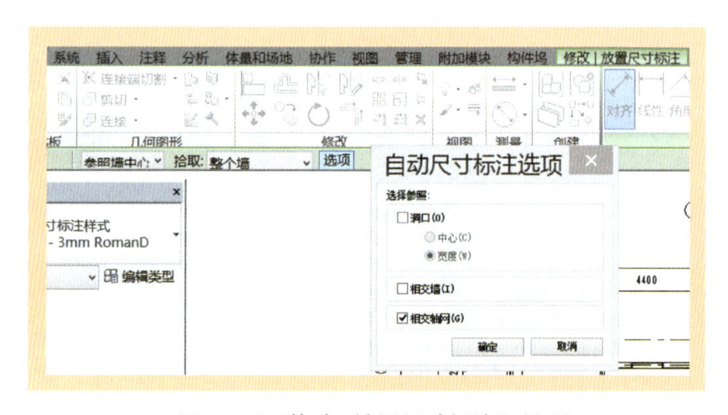

图 0-6 “修改 | 放置尺寸标注”界面

0.9.2 漫游

漫游一般分为三个步骤：生成路径、编辑漫游和导出漫游，如图0-7所示。

（1）单击“视图”→“三维视图”→“漫游”，可依据要求绘制漫游路径。

（2）单击“编辑漫游”，漫游路径上出现红色的小圆点，为关键帧，每个关键帧上均有相机。可通过“漫游：拖拽相机”，调整相机位置；在功能区单击“上一关键帧”或“下一关键帧”，可通过“漫游：移动目标点”，依次调整相机看建筑的视角；使每一个相机都看向建筑，如图0-8所示，完成编辑。

（3）通过“导出”→“图像和动画”→“漫游”，可导出漫游视频。

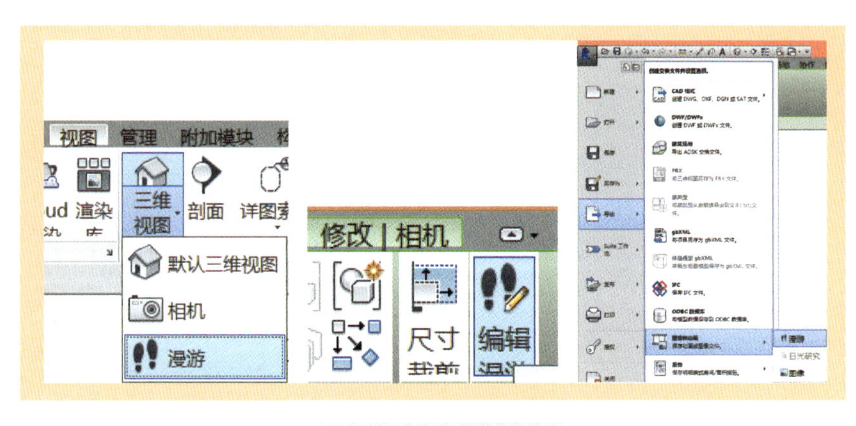

图 0-7　漫游三个步骤

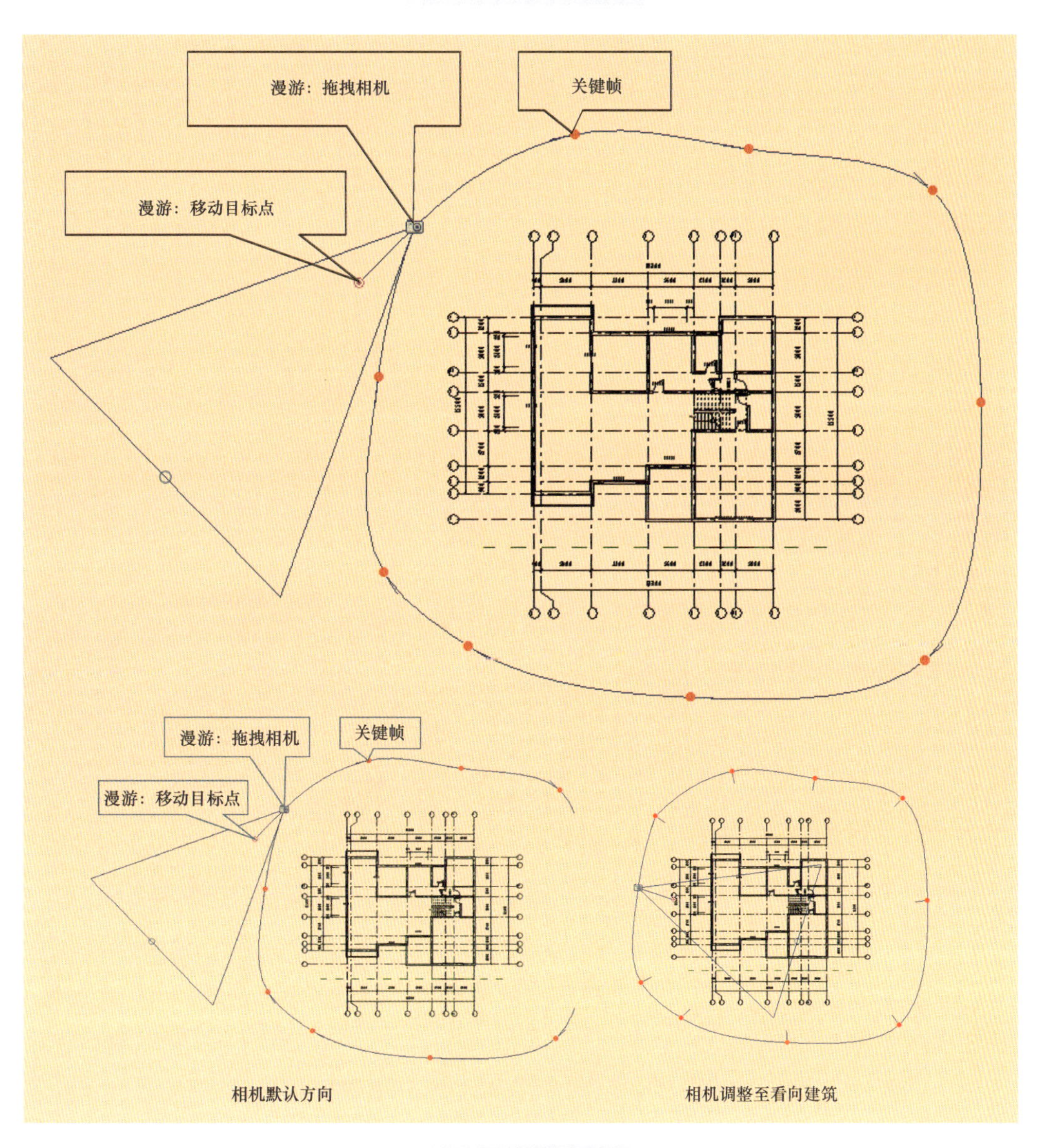

图 0-8　编辑漫游

0.9.3 渲染

单击“视图”→“三维视图”→“默认三维视图”，调整模型到合适渲染的视图。单击“视图”→“渲染”，打开“渲染”对话框，如图0-9所示。根据要求设置，单击上方“渲染”提示框，完成后，可单击下方“保存到项目中”或“导出”提示框对渲染进行保存。

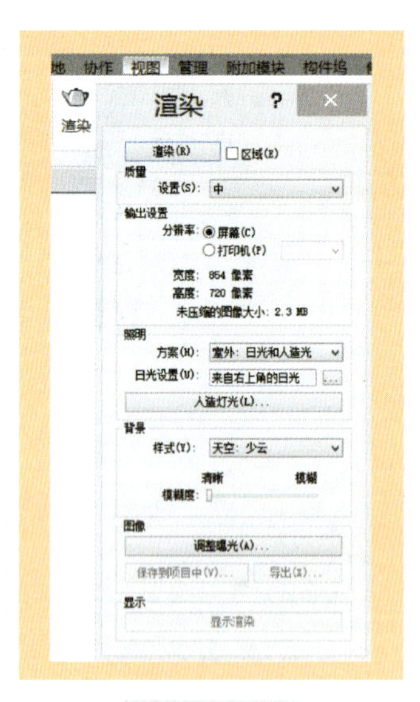

图 0-9 渲染

0.9.4 出图

出图一般分为四个步骤：生成图纸、复制视图、拉入图纸和导出图纸。

（1）单击“项目浏览器”栏中的“图纸”，在弹出的“新建图纸”对话框中选择合适的标题栏，以确定图纸大小，再单击“确定”，即可创建一张图。如在图纸属性中输入系列标识数据，在图纸标题栏中就会对应显示，如图0-10所示。

（2）为了保留原有平面视图，可以先复制视图，找到自己想要导出的视图，单击“复制视图”，选择“带细节复制”，产生一个副本视图，如图0-11所示。

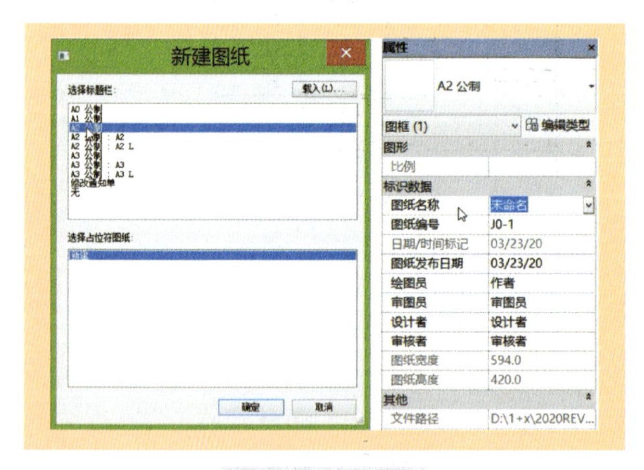

图 0-10 生成图纸

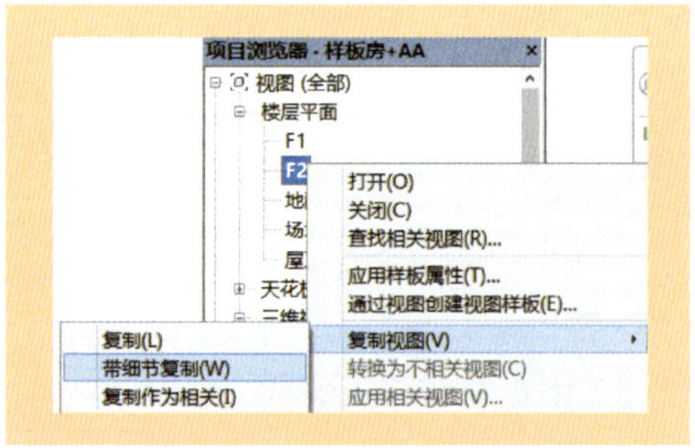

图 0-11 生成副本视图

（3）把副本图纸在浏览器中拉入已创建的图纸中。如果大小不合适，可以在属性—比例栏中调整其比例大小。

（4）单击左上角的Revit图标，单击“导出”→“CAD格式”→“DWG”，即可导出CAD图纸。

0.10 1+X 专题 1—族

1. 拉伸与放样的区别

参考在线课程视频，练习以下实例，总结拉伸与放样的三个区别：

①____

②____

③____

（1）柱结构（BIM1+×初级2019第二次考试题—2）。

按照图0-12所示尺寸分别利用拉伸与放样工具创建柱结构，请将模型文件以“柱体+考生姓名”为文件名保存到考生文件夹中。

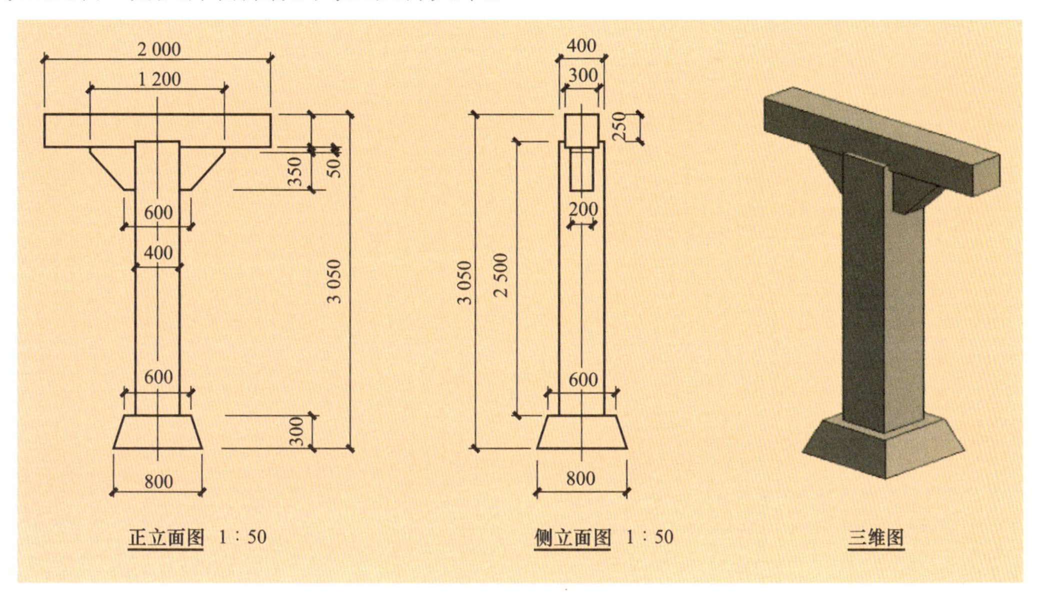

图 0-12 柱结构

（2）亭子（BIM1+×初级2019第一次考试题—1）。

按照图0-13所示尺寸，分别利用拉伸与放样工具建立凉亭实体模型。

（3）水箱（BIM1+×初级2020第一次考试题）。

按照图0-14所示尺寸，分别利用拉伸与放样工具建立储水箱实体模型，材质为“不锈钢”。

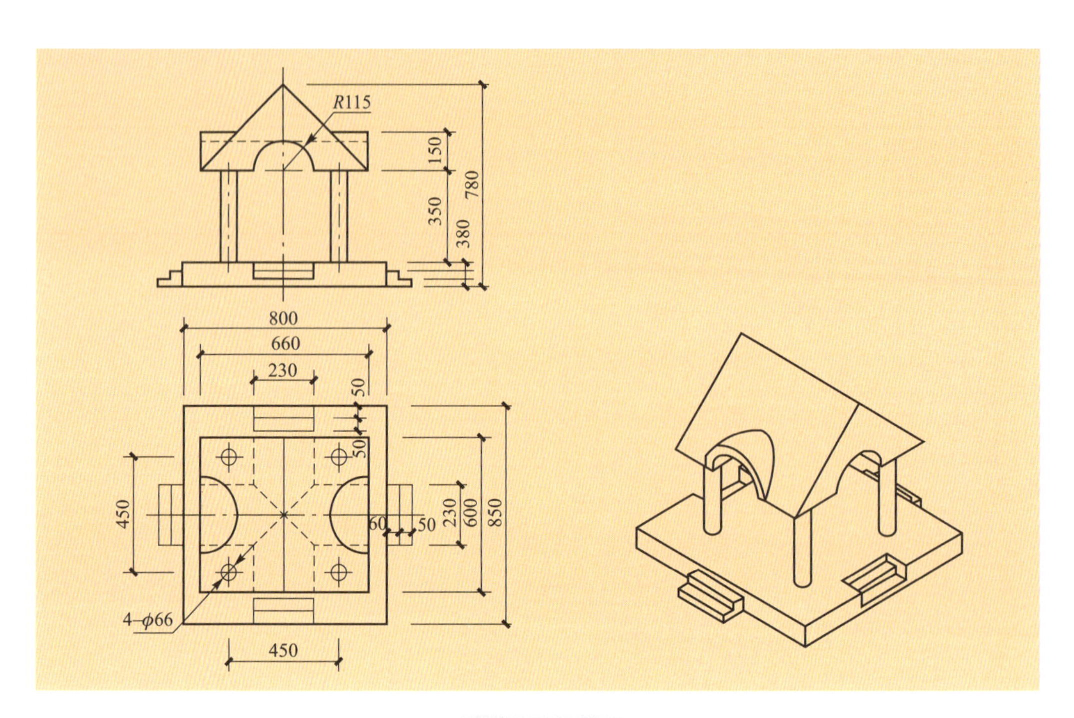

图 0-13　凉亭

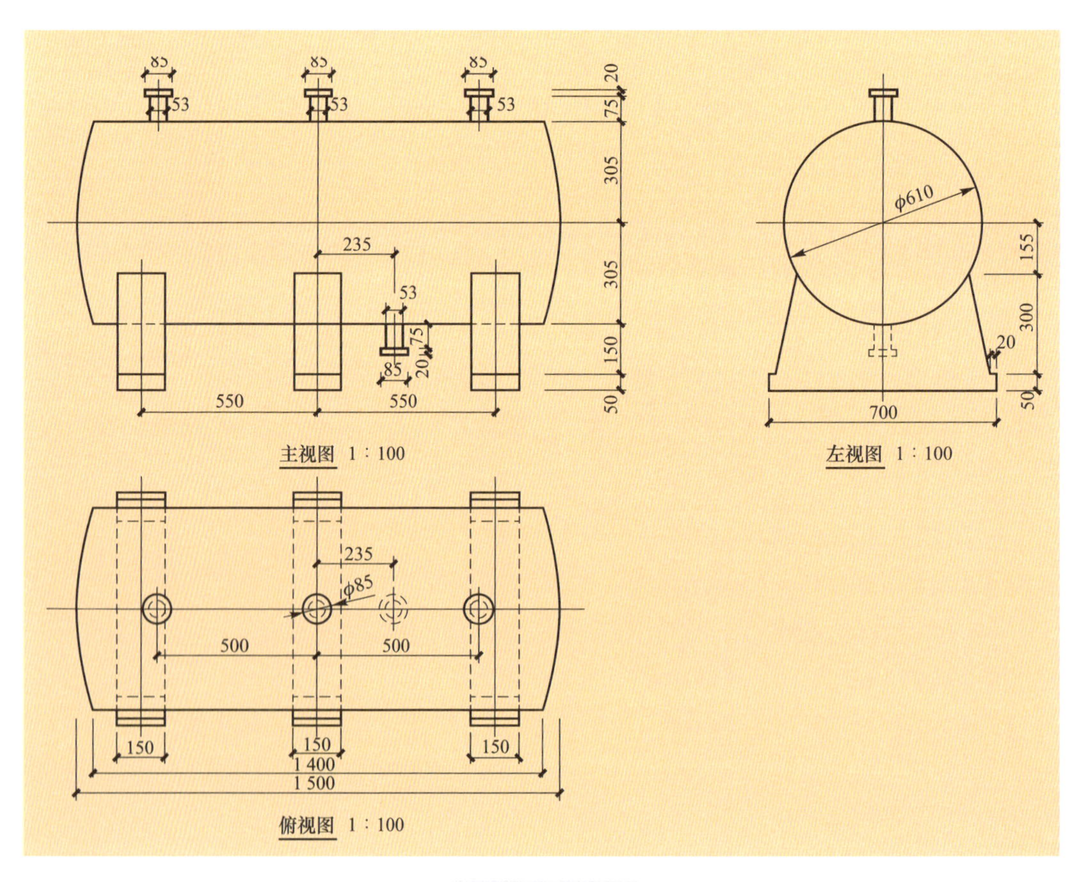

图 0-14　储水箱

2. 参数化建模

参考在线课程视频，练习以下实例，总结参数化建模的步骤：

①______________________________

②______________________________

③______________________________

第十二期全国BIM技能等级考试一级真题—1

根据给定的尺寸标注建立百叶窗构件集。

（1）按图0-15所示中的尺寸建立模型。

（2）所有参数采用图中参数名字命名，设置为类型参数，扇叶个数可通过参数控制，并对窗框和百叶窗百叶赋予合适材质，请将模型文件以“百叶窗”为文件名保存到考生文件夹中。

（3）将完成的百叶窗载入项目中插入任意墙面观察。

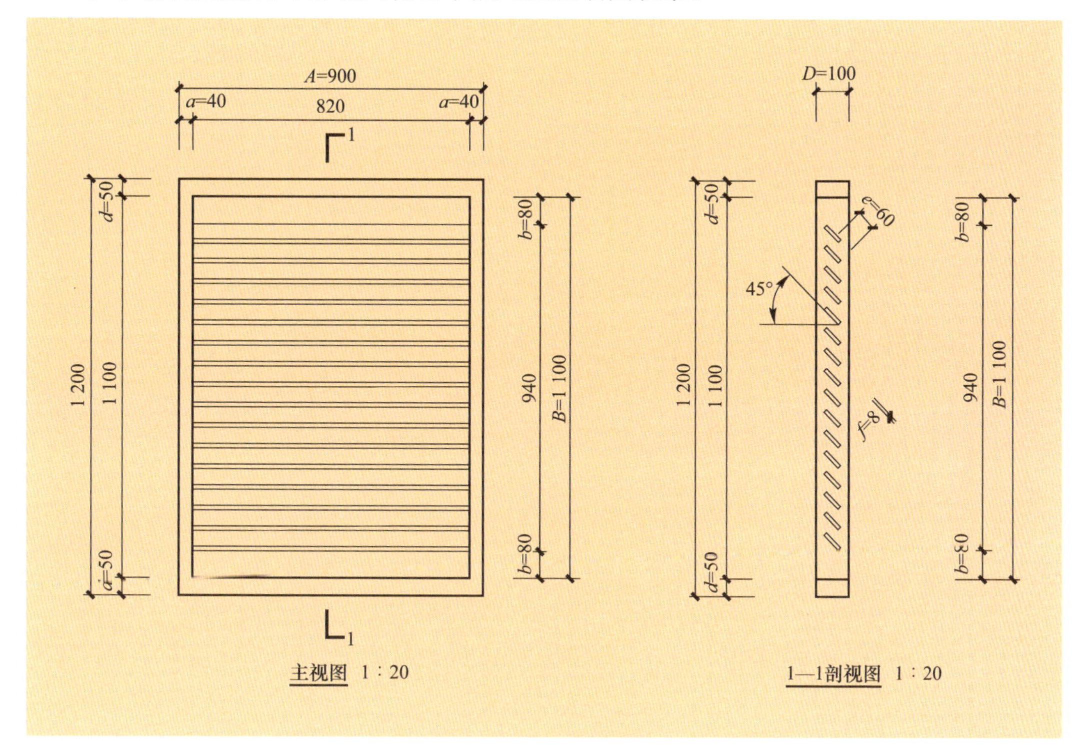

图0-15 百叶窗

3. 机电连接件

参考在线课程视频，练习以下实例，总结机电连接件创建的要点：

①______________________________

②______________________________

③______________________________

第十二期全国BIM技能等级考试二级(设备)真题—1

根据图0-16所示，用构件集方式建立冷却塔模型，支座圆管直径为50 mm，图中标示不全地方请自行设置，通过构件集参数的方式，将水管管口设置为构件参数，并通过改变参数的方式，根据表格中所给的管口直径设计连接件图元。请将模型文件以“冷却塔+考生姓名.×××”为文件名，保存到考生文件夹中。

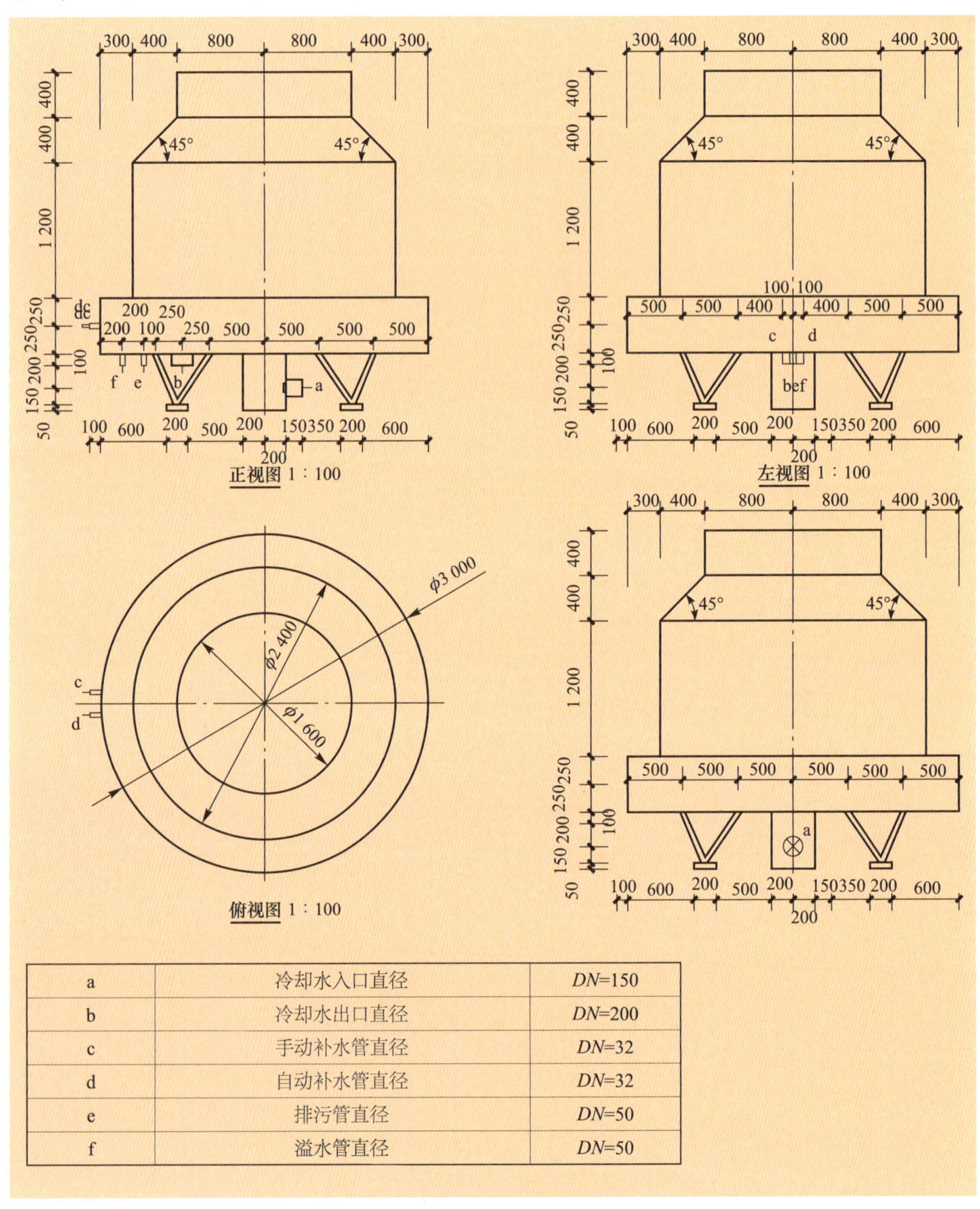

a	冷却水入口直径	*DN*=150
b	冷却水出口直径	*DN*=200
c	手动补水管直径	*DN*=32
d	自动补水管直径	*DN*=32
e	排污管直径	*DN*=50
f	溢水管直径	*DN*=50

图 0-16　冷却塔

CHAPTER

01

第 1 篇

Revit 结构建模

项目一 标高与轴网

1.1 项目说明

依据CAD图，建立框架结构标高与轴网。

（1）首先，建立标高，标高仅可在立面建立，标高确定后方可生成对应二维平面，轴网宜在已确定的二维平面上绘制。Revit不支持三维空间绘制轴网。

（2）标高与轴网均可使用绘制、复制、阵列等方式生成，但标高仅有的绘制方式可自动生成楼层平面。

1.2 项目分析

轴线与标高标头构成，如图1-1所示。

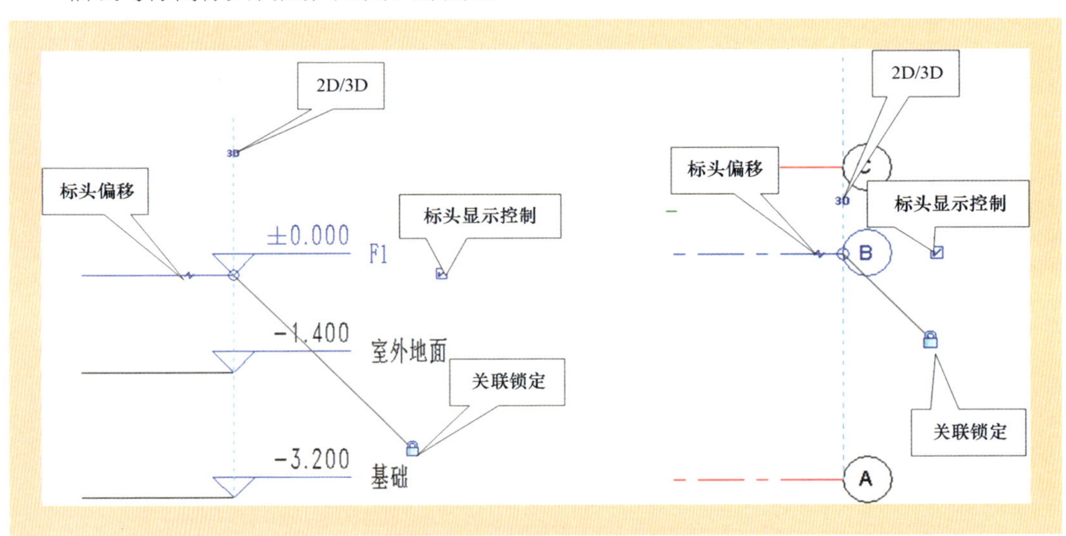

图 1-1　轴线与标高标头构成

（1）轴网和标高的2D/3D影响范围命令：选2D代表轴线仅影响当前位置的视图，选3D代表轴线对其他视图关联影响，双击标头可跳转至相应平面视图。

（2）标头偏移：当两个轴网和标高标头的位置很近，不便于使用时，单击折线处，可以移动标头。

（3）标头显示控制：勾选时显示标头，取消勾选则标头不显示。

（4）关联锁定：开锁时移动单根轴线标头，关锁时移动所有被锁的标头。

1.3 项目实施

任务一 新建文件

步骤1 双击Revit桌面图标，打开Revit初始界面，单击“新建”按钮，打开“新建项目”对话框，选择“结构样板”，如图1-2所示，单击“确定”按钮新建项目文件。

步骤2 单击“管理”→“项目设置”→“项目信息”命令，如图1-3所示，打开实例属性对话框，输入项目信息。

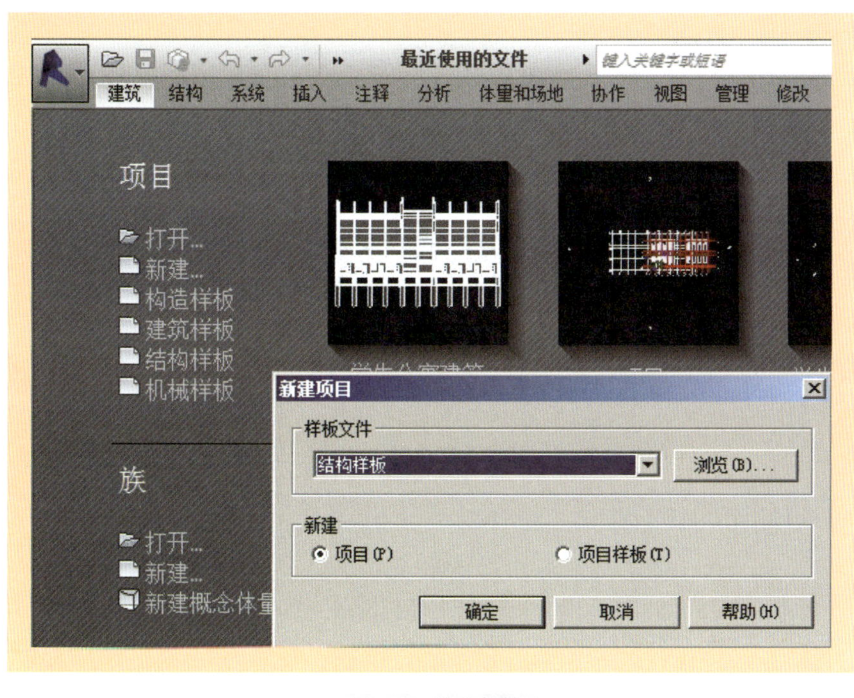

图 1-2 新建项目

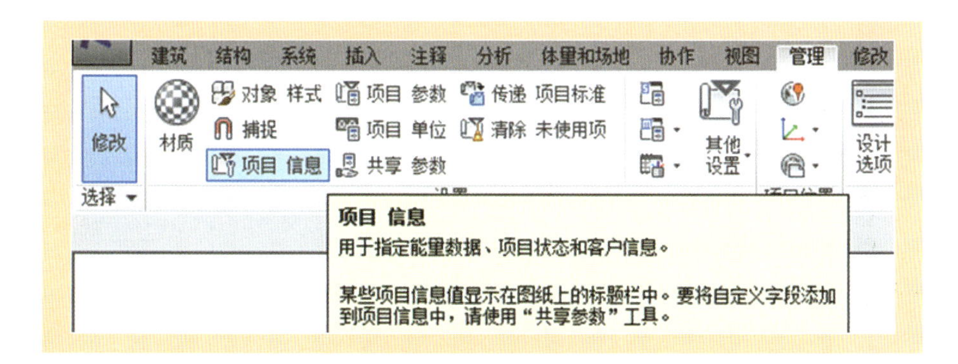

图 1-3 项目信息

步骤3　单击“应用程序菜单”→“另存为”→“项目”命令，或单击“快速访问工具栏”中“保存”按钮，弹出“另存为”对话框，如图1-4所示。设置保存路径，输入项目文件名为“学生公寓”，单击“保存”按钮即可保存项目文件。

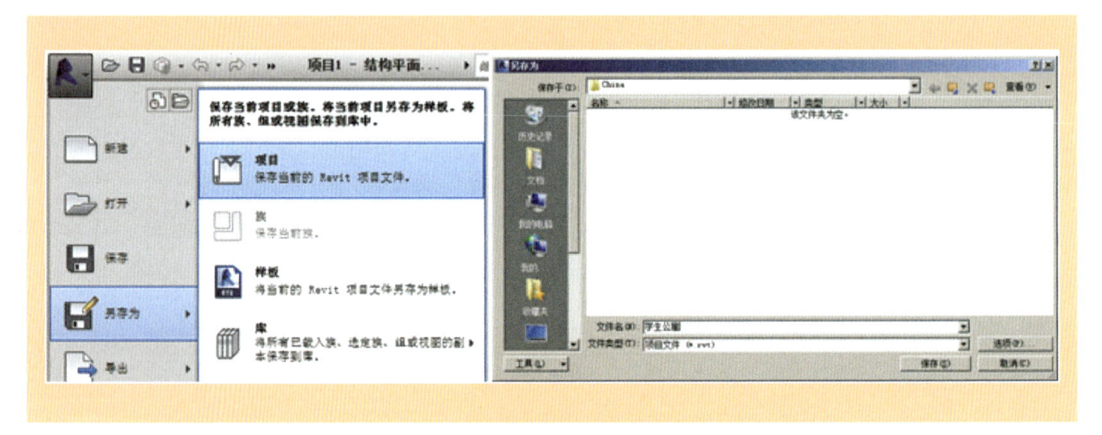

图 1-4　保存项目

任务二　创建标高与结构平面

步骤1　在项目浏览器中展开“立面（建筑立面）”项，双击视图名称“南”立面进入南立面视图，调整“标高2”标高，将一层与二层之间的层高修改为3.3 m，将楼层名称改为F1、F2，如图1-5所示。

创建标高与结构平面

步骤 2　利用“阵列”命令，选择标高“F2”，单击“修改 | 标高”→“修改”→“阵列”命令，在选项栏勾选“多重复制”选项中的“多个”，输入复制份数3，间距3 300，F3和F4绘制完成，如图1-6所示。

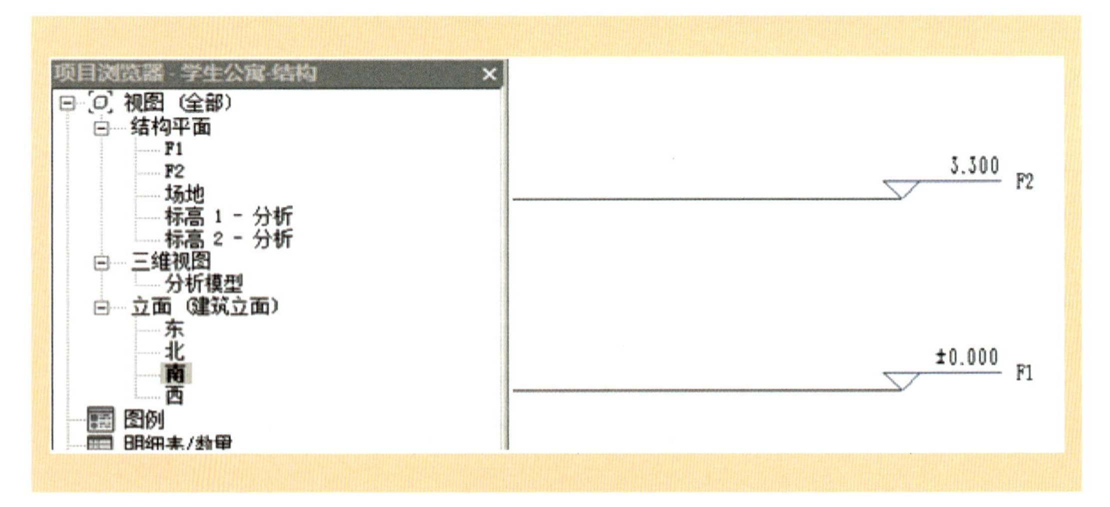

图 1-5　标高修改

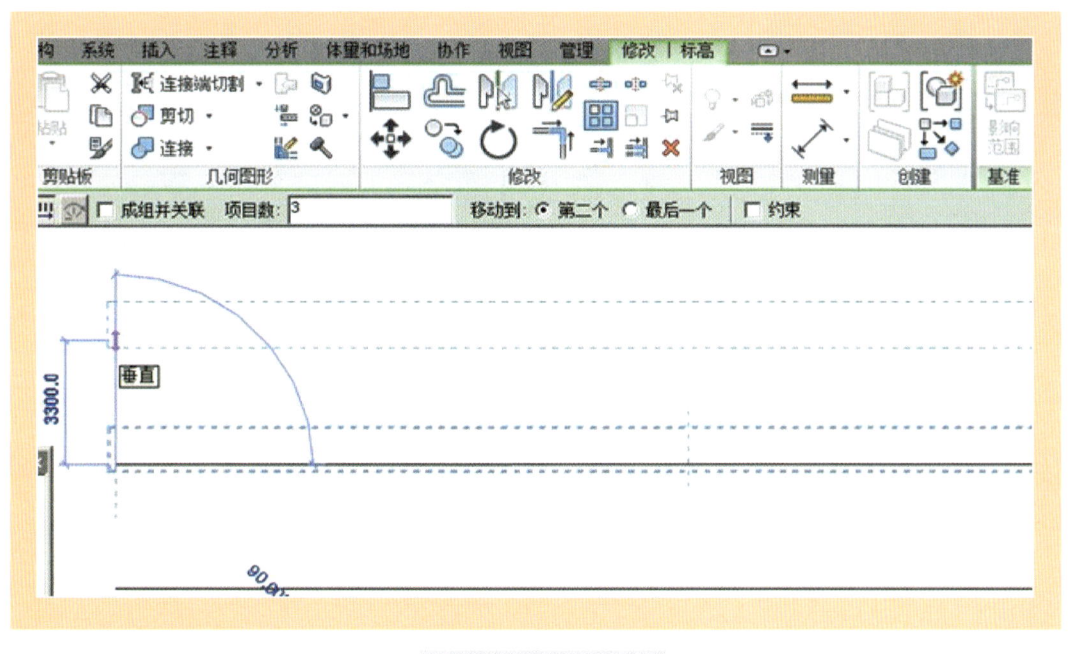

图 1-6　绘制 F3 和 F4

步骤3　移动光标，在标高“F1”上单击，捕捉一点作为复制参考点，再垂直向下移动光标，输入间距值3 200后按Enter键确认后复制新的标高，选中新的标高修改其属性为上标头并重命名为基础，如图1-7所示。

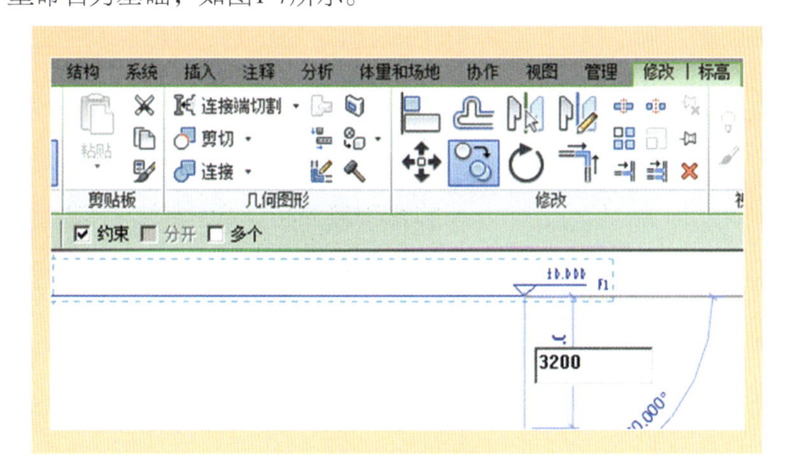

图 1-7　绘制基础

步骤4　将F1～F4层标高向下移动120，最终获得标高如图1-8所示。框选所有标高，单击“修改丨标高”→“修改”→“锁定”命令，锁定标高如图1-9所示。

步骤5　单击“视图”→“创建”→“平面视图”→“结构平面”命令，打开新建结构平面对话框，选择所需创建平面的标高，单击“确定”按钮即可创建结构平面，如图1-10所示。

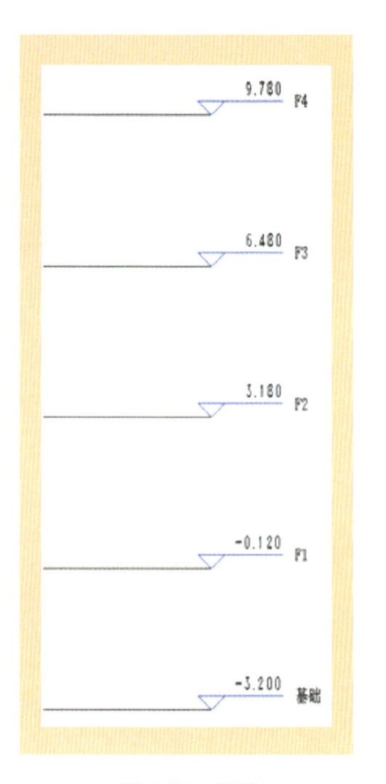

图 1-8　标高

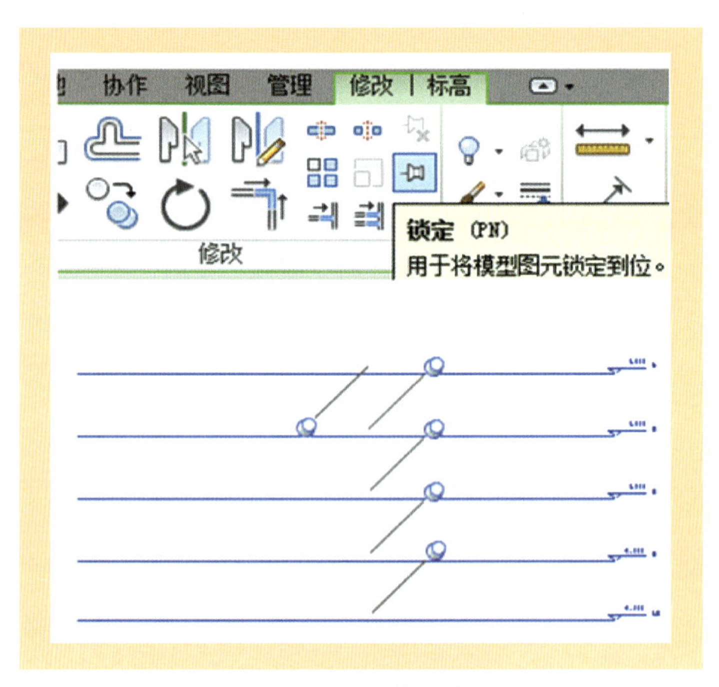

图 1-9　锁定标高

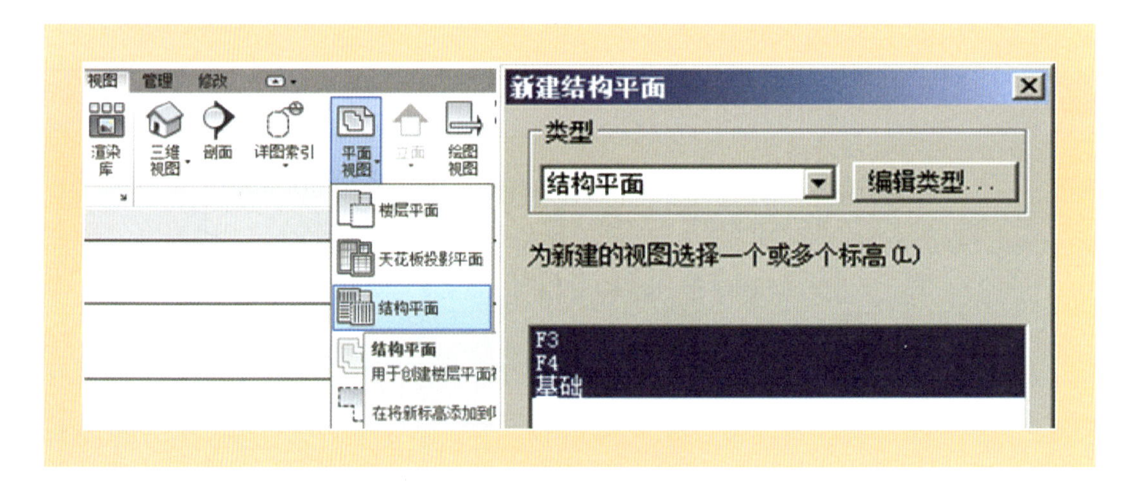

图 1-10　创建结构平面

任务三　创建轴网

创建轴网

步骤1　在项目浏览器中双击“楼层平面”下的“基础”视图，打开基础层平面视图。导入CAD图“基础柱平面图.dwg”，选择“自动-原点到原点”的定位方式，如图1-11所示。

步骤2　按照CAD图“基础柱平面图.dwg”绘制第一条垂直轴线，轴号为①。

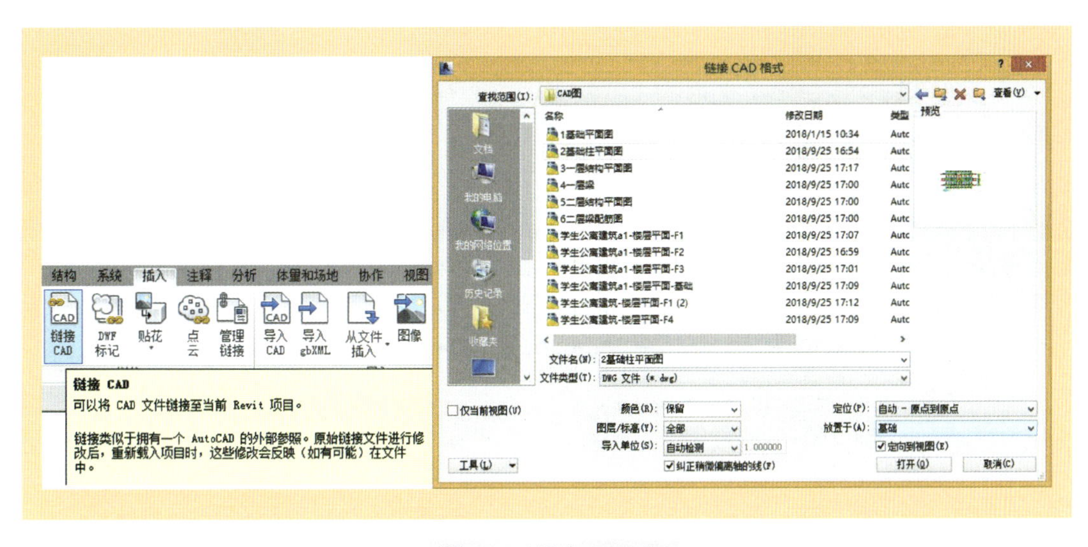

图 1-11　导入 CAD 图

步骤3　利用“阵列”命令创建②~⑪号轴线。首先，单击选择①号轴线，移动光标在①号轴线上，单击捕捉一点作为复制参考点；然后，水平向右移动光标，输入间距值3 600，份数11，按Enter键确认后复制②号轴线，如图1-12所示。

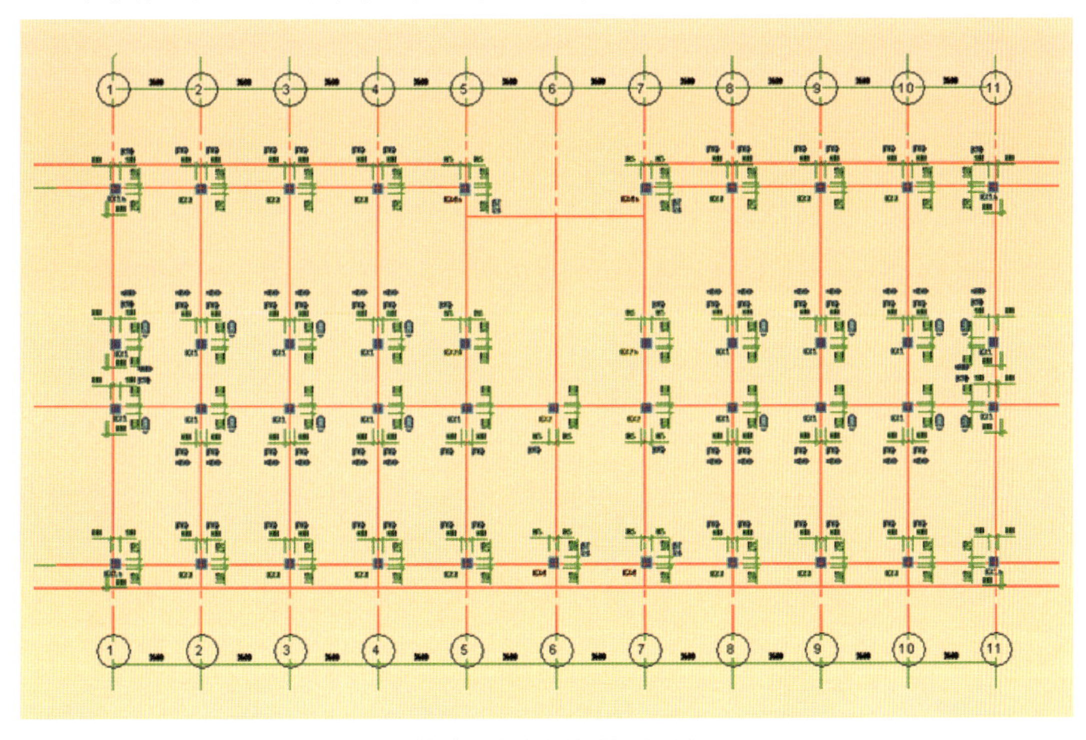

图 1-12　创建①~⑪轴线

步骤4 单击“结构”→“轴网”命令，移动光标到视图中拾取“基础柱平面图.dwg”Ⓐ轴创建第一条水平轴线。选择刚创建的水平轴线，修改标头文字为“A”，创建Ⓐ号轴线。

步骤5 利用“复制”命令，勾选“约束”“多个”，移动光标在Ⓐ号轴线上单击捕捉一点作为复制参考点，再垂直向上移动光标，保持光标位于新复制的轴线上侧，分别输入900、6 300、2 400、6 300、900后，按Enter键确认，完成复制，如图1-13所示。

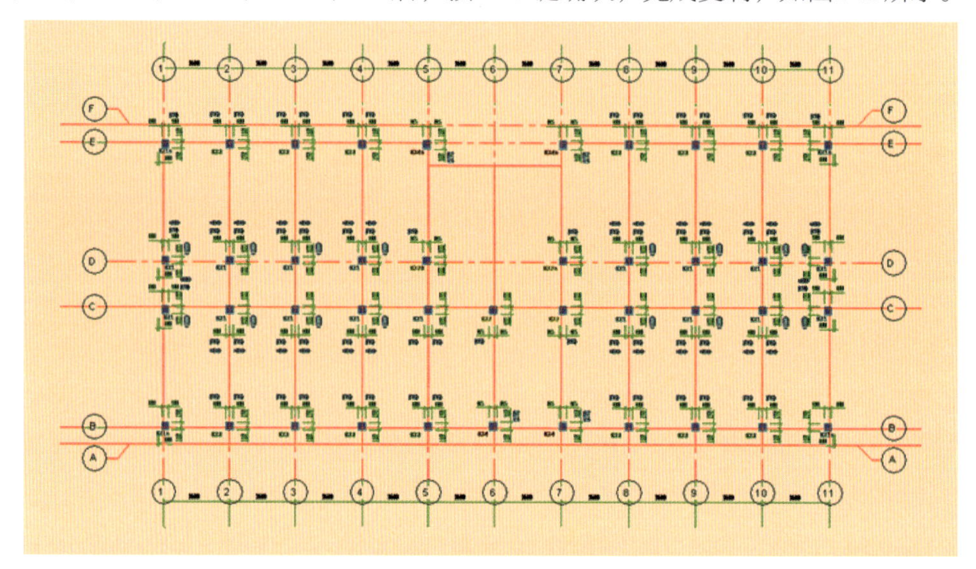

图 1-13 创建Ⓐ～Ⓕ轴线

步骤6 到F2层框选所有轴网，单击“修改 | 轴网”→“修改”→“锁定”命令，绘制完成的轴网如图1-14所示，单击“保存”按钮进行保存。

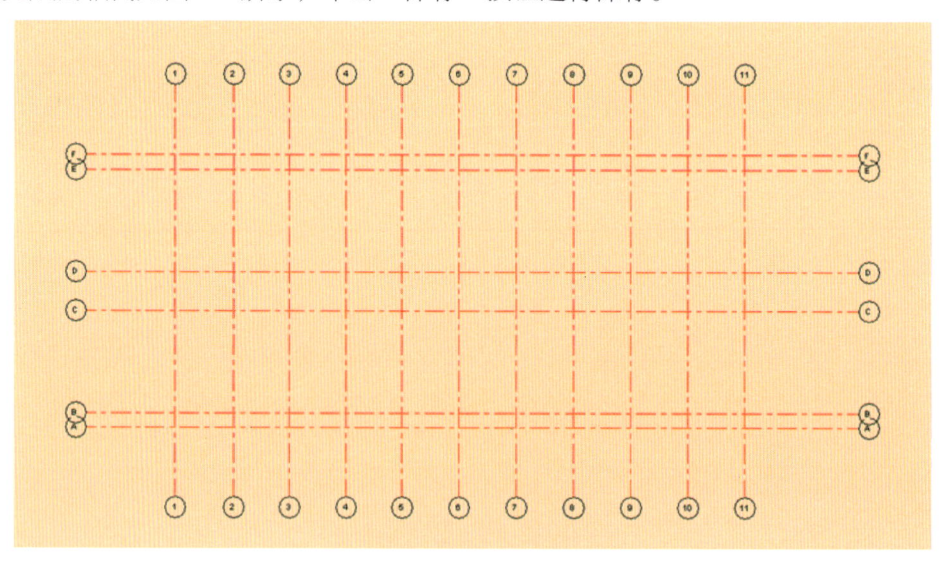

图 1-14 轴网完成图

1.4 1+X 拓展练习

根据图1-15给定的标高轴网创建项目样板，无须创建尺寸标注，标头和轴头显示方式以图1-15为准。请将模型以“标高轴网”为文件名，保存到考生文件夹中。

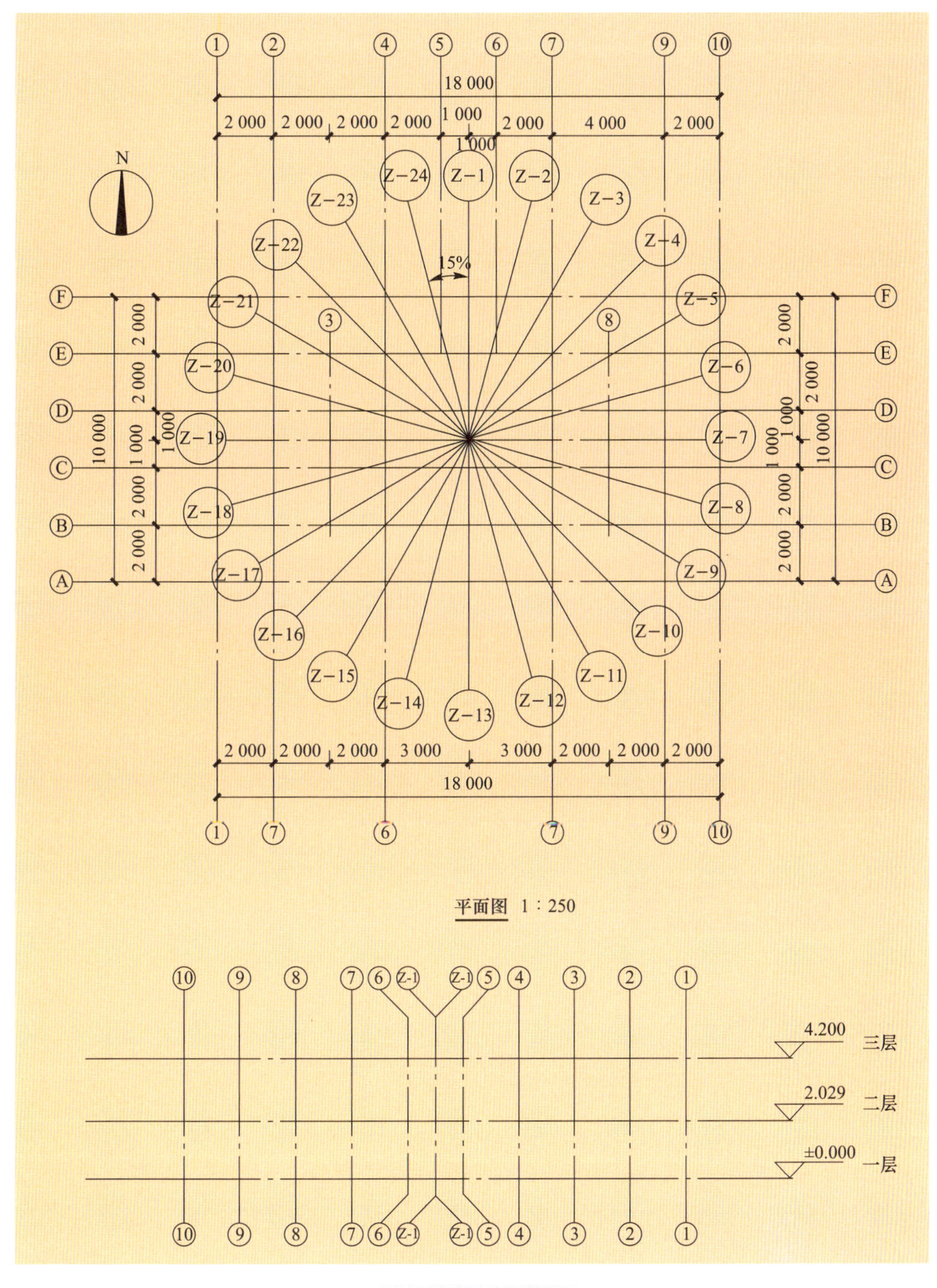

图 1-15 标高轴网

项目二 结构模型搭建

2.1 项目说明

（1）结构模型搭建的基本顺序：柱—基础—梁—楼板—切换梁柱与楼板连接顺序—钢筋。

（2）2019Revit新增钢模块在钢筋建模方面有所加强，2019以前的Revit版本钢筋利用Revit原生的钢筋工具建模，但十分不便，所以需要加上插件Autodesk Revit Extensions（又称速博插件），可以非常迅速地建立混凝土钢筋。但是，进行钢筋的设计计算及钢筋算量能力又不及国产软件（如广联达）贴合国内标准与规范。由于后续章节介绍国产软件钢筋算量，本项目不介绍Revit建立钢筋的方法。

2.2 项目分析

（1）Revit基础一般依附于墙或柱，会自动对齐中心，所以推荐后做基础；

（2）不规则形态的基础可利用新建族的方式建模后载入项目；

（3）切换梁柱与楼板连接顺序的原因是，Revit建模过程中，楼板会自动切掉一部分柱与梁（不论先做还是后做楼板），而结构设计中不允许出现这种情况，所以需要切换连接顺序，保留完整的梁与柱。

2.3 项目实施

任务一 搭建柱

步骤1 在基础层平面视图中，单击“结构”→“柱”，调出“柱”的属性对话框。单击“编辑类型”，弹出“类型属性”对话框。单击“复制”按钮，重命名为KZ1a，如图2-1所示。

搭建柱

步骤2 修改b、h参数值为400，单击“确定”按钮，选择放置方式为“高度”，底部标高为“基础”，顶部标高为“F1”，将鼠标移动至轴线交点处，单击鼠标左键安放结构柱，如图2-2所示。

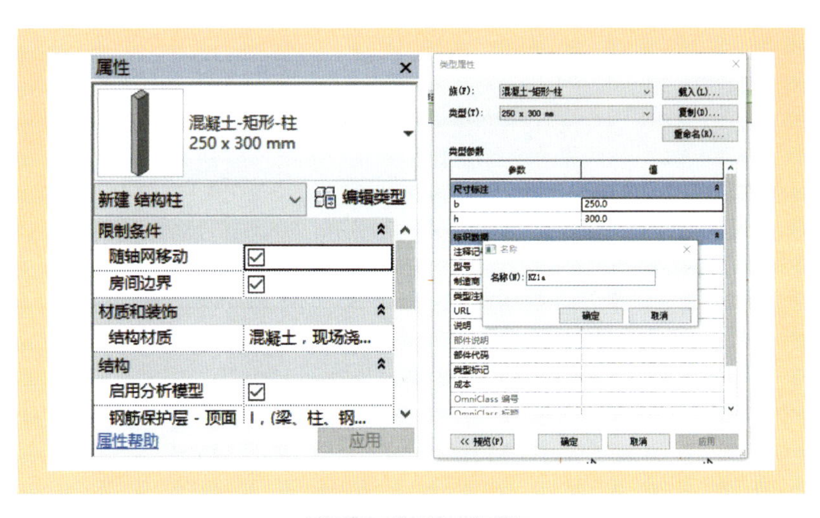

图 2-1　柱属性修改

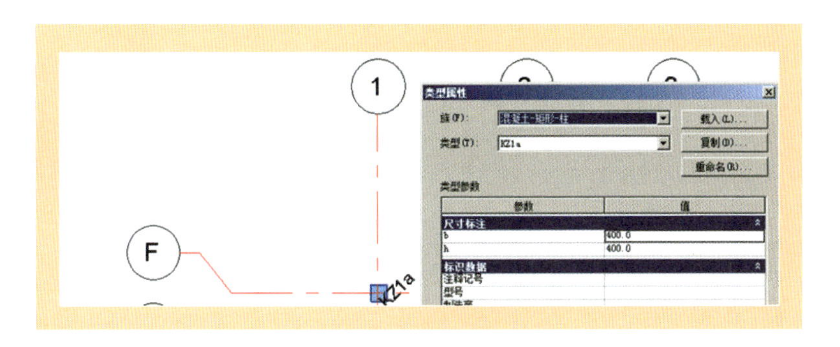

图 2-2　柱尺寸修改

步骤3　用相同方法创建出所有的结构柱。其中，KZ4和KZ4a，b为400，h为450，其他柱的参数值与KZ1a相同，如图2-3所示。

步骤4　切换至南立面，通过过滤器选择基础层所有结构柱（图2-4）。

步骤5　复制结构柱，粘贴选择“与选定的标高对齐”后会弹出“选择标高”对话框，选择标高F2，单击“确定”按钮（图2-5）。一楼结构柱生成，但高度不正确。

步骤6　选中一楼结构柱，底部标高“F1”，调整底部偏移为“0”，一楼结构柱与基础结构柱尺寸规格不一致，可进行调整。

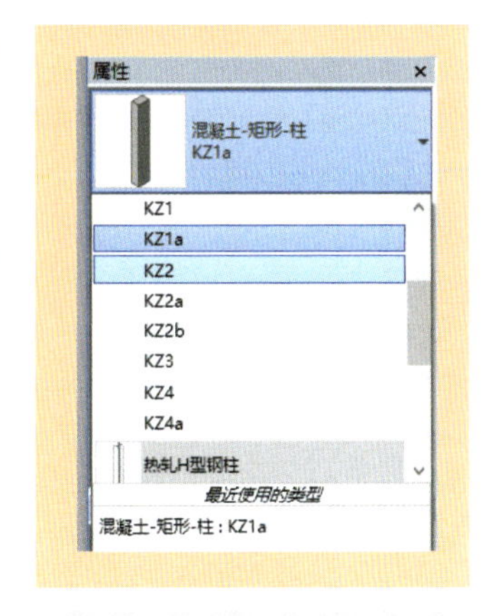

图 2-3　创建 KZ4 和 KZ4a

步骤7　通过过滤器选中一楼结构柱，复制结构柱，粘贴选择“与选定的标高对齐”后会弹出“选择标高”对话框，选择标高F3与F4，单击确认，剩余楼层结构柱生成。如有尺寸规格不一致，可进行调整（图2-6）。

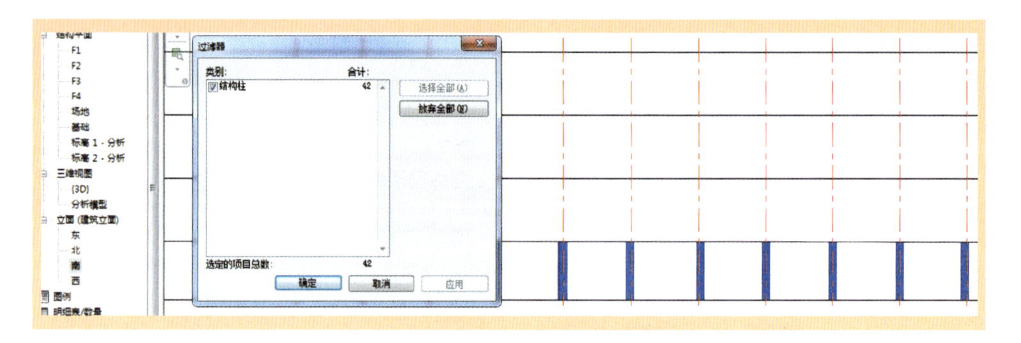

图 2-4　选择基础层所有结构柱

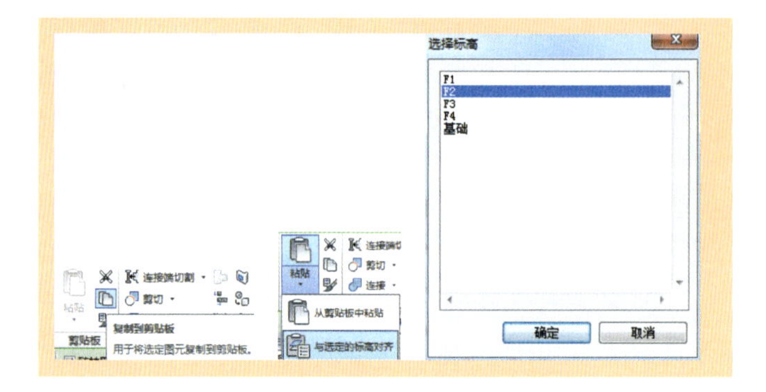

图 2-5　选择基础层所有结构柱

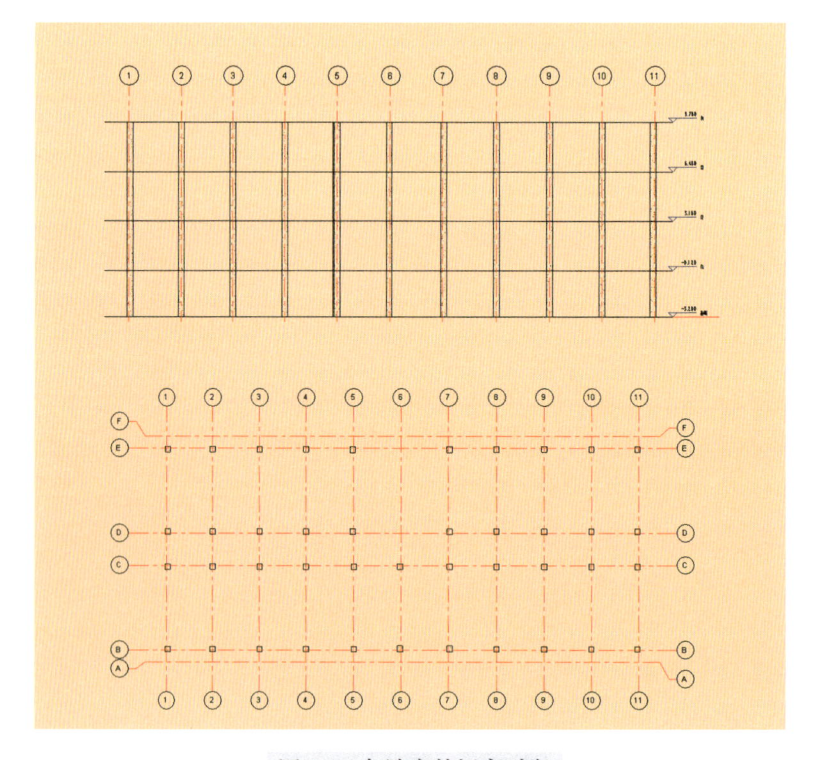

图 2-6　与选定的标高对齐

任务二　创建独立基础

创建独立基础

已知独立基础长5 000 mm，顶标高－3 200 mm，创建独立基础。

步骤1　单击“结构”→“基础”，弹出“独立基础”的属性对话框，与创建结构柱类似，单击“编辑类型”，弹出“类型属性”对话框，进行参数设置，创建完成WD1，如图2-7所示。

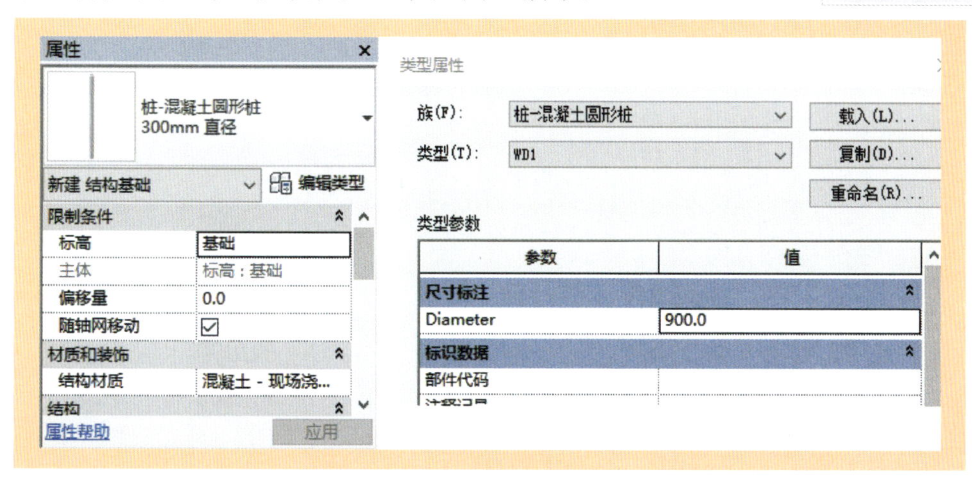

图 2-7　基础属性设置

步骤2　用相同的方法创建出所有的独立基础。其中，WD2直径为900，WD3直径为1 000。

步骤3　在柱底上放置独立基础。在属性中设置限制条件，标高为基础，偏移量为0，桩长为5 000。在“基础”楼层平面，单击“修改 | 放置独立基础”→“多个”→“在柱上”，框选柱，单击完成，如图2-8所示。

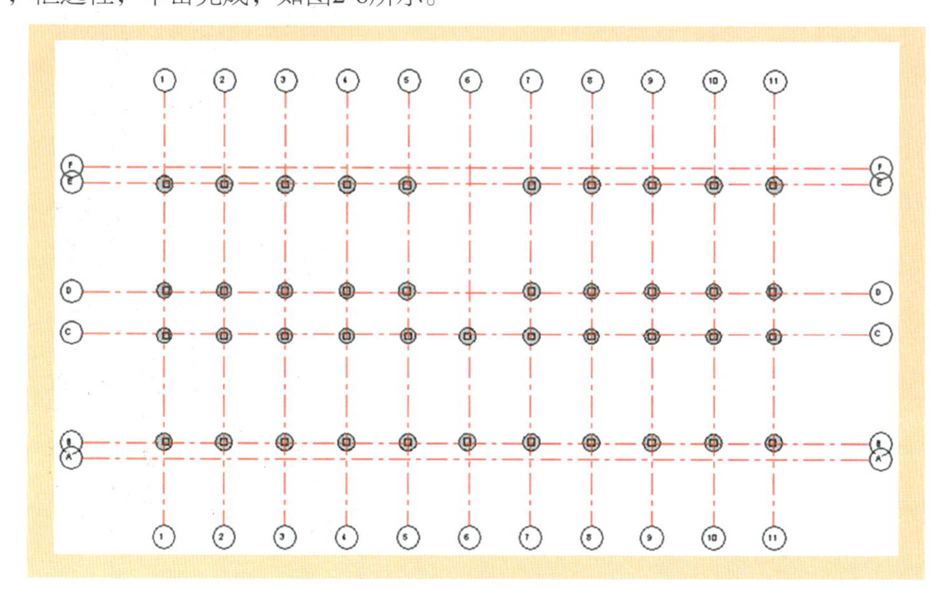

图 2-8　基础完成图

任务三　创建基础梁

创建基础梁

步骤1　在项目浏览器中双击“结构平面”→“基础”，单击“结构”→“梁”，弹出“梁”的属性对话框，与创建结构柱类似，单击“编辑类型”，弹出“类型属性”对话框，进行参数设置，如图2-9所示。复制完成系列基础梁类型，所有基础梁均为“底对齐”，如图2-10所示。

步骤2　单击“属性”→“JL2”，单击“绘制”面板中“直线”命令，选择“在放置时进行标记”，实例属性设置所有基础梁均为“底对齐”。鼠标移动至轴网交点，单击绘制梁。基础柱、梁效果，如图2-11所示。

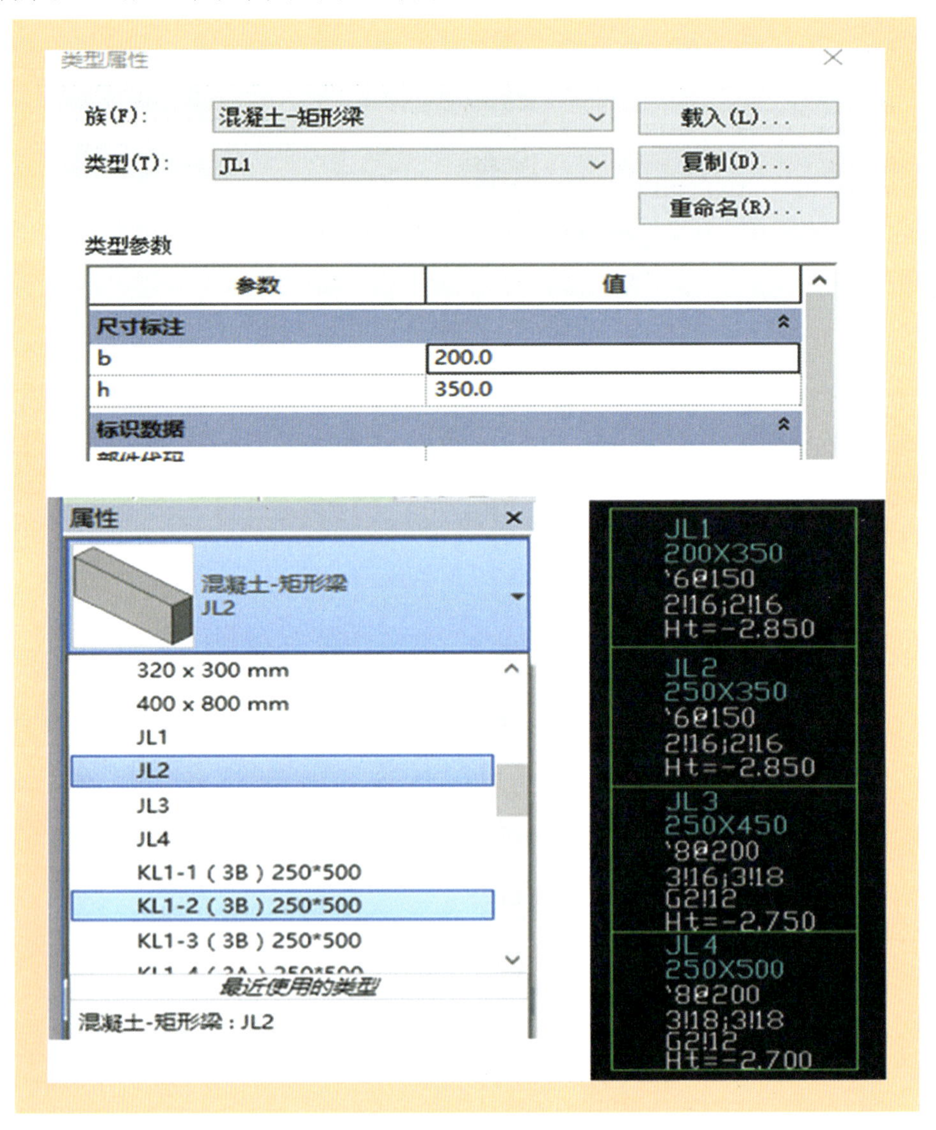

图 2-9　基础梁属性设置

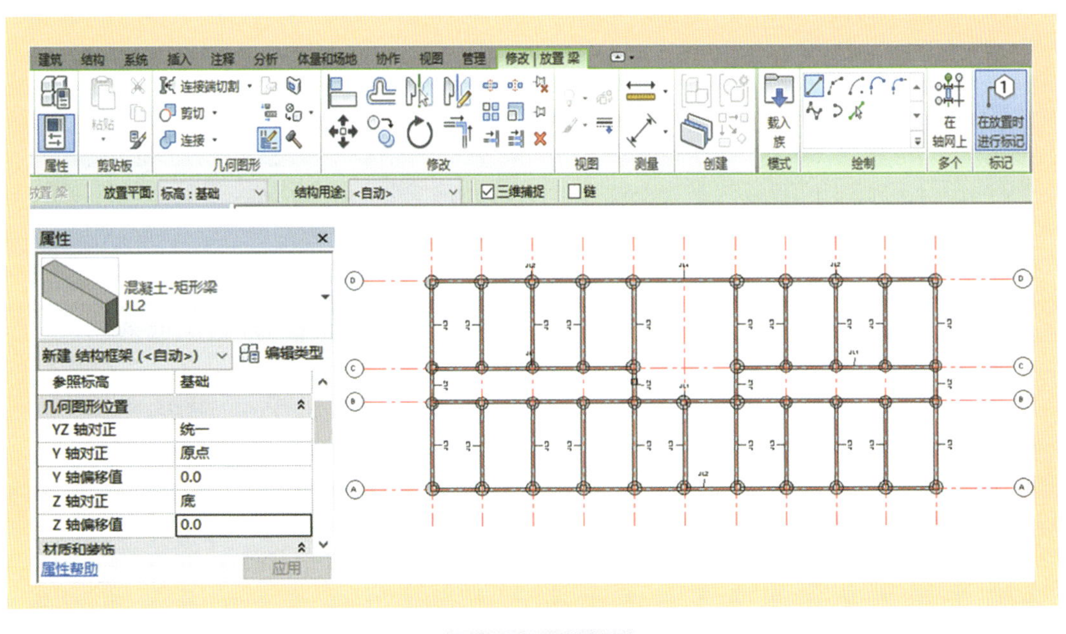

图 2-10　放置梁

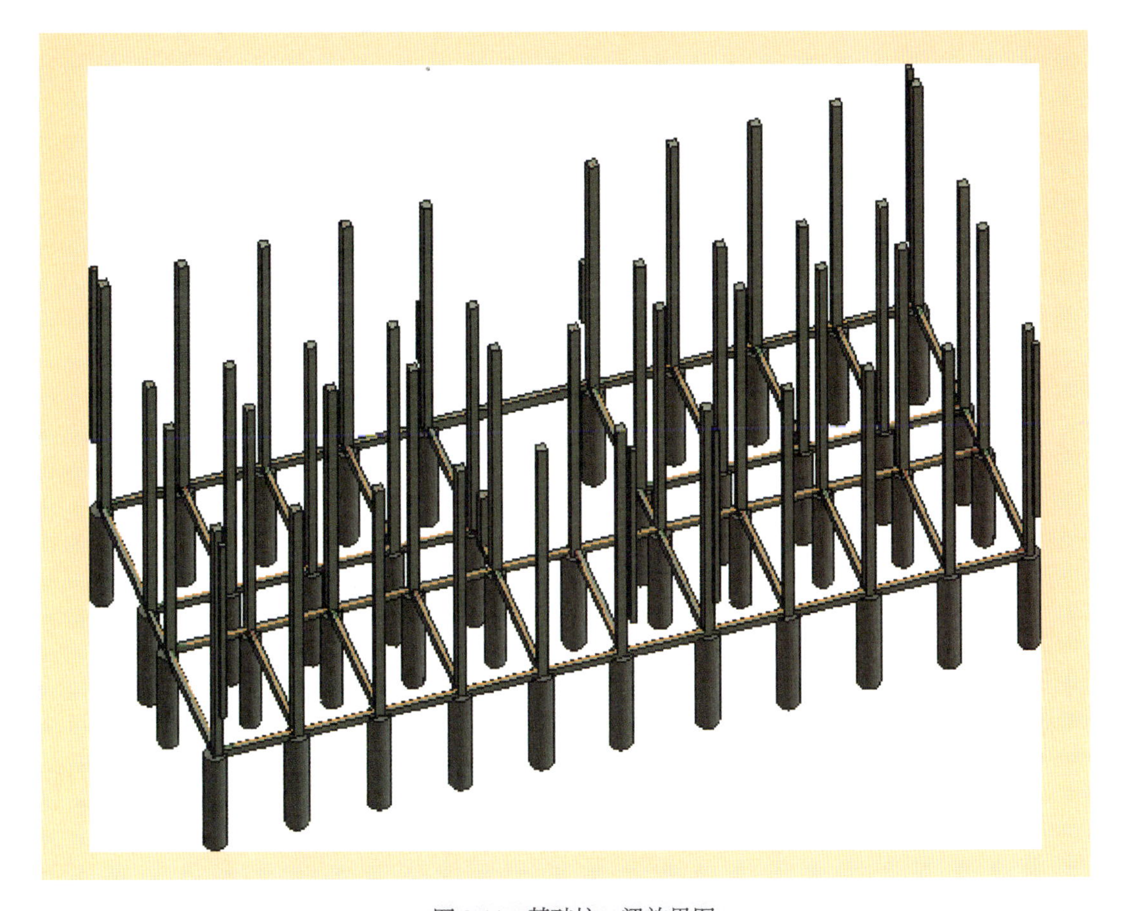

图 2-11　基础柱、梁效果图

任务四　创建一层结构梁

步骤1　单击“结构”→“梁”，弹出“梁”的属性，与创建基础梁相同，按照“一层梁.dwg”中的参数复制出系列一层结构梁类型，如图2-12所示。

步骤2　在项目浏览器中双击“结构平面”—“F1”，进入F1结构平面。导入CAD图“一层梁.dwg”，选择“原点到原点”的定位方式，如图2-13所示。

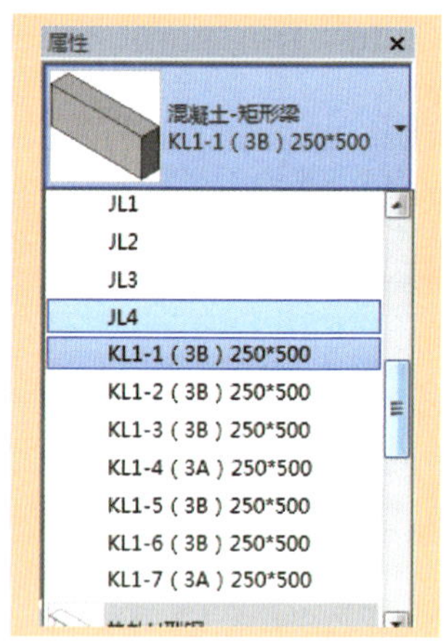

图 2-12　复制一层结构梁 类型

步骤3　对照“一层梁.dwg”绘制梁KL1，实例属性设置梁顶对齐，如图2-14所示。

步骤4　对照“一层梁.dwg”，将一层梁绘制完整，如图2-15所示。

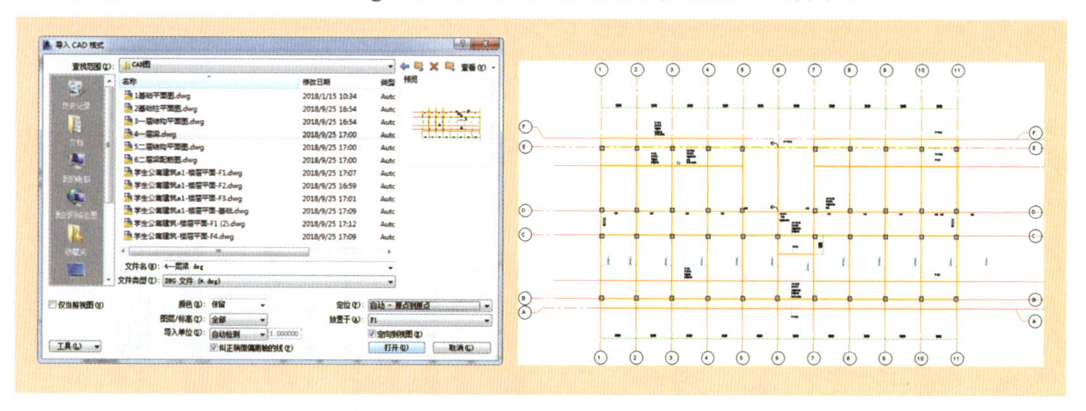

图 2-13　导入 CAD 图

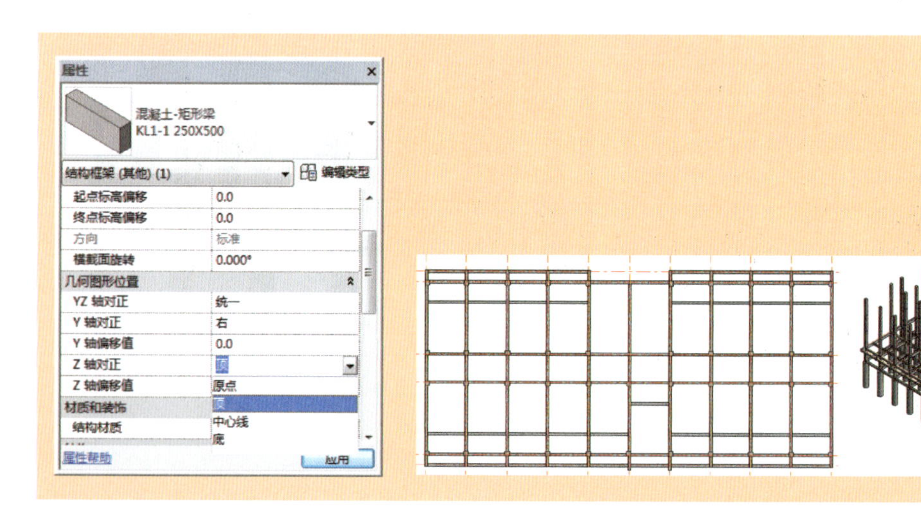

图 2-14　梁顶对齐

图 2-15　一层梁平面图及效果图

任务五　创建一层楼板

创建一层楼板

步骤1　在项目浏览器中双击“结构平面”→“F1”，单击“结构”→“楼板”→“楼板：结构”，弹出“楼板”的属性对话框。创建一层楼板与创建结构柱类似，单击“编辑类型”，弹出“类型属性”对话框后进行参数设置，单击“结构”→“编辑”，将“结构[1]”的厚度改为120，创建完成“常规-120 mm”的楼板，如图2-16所示。

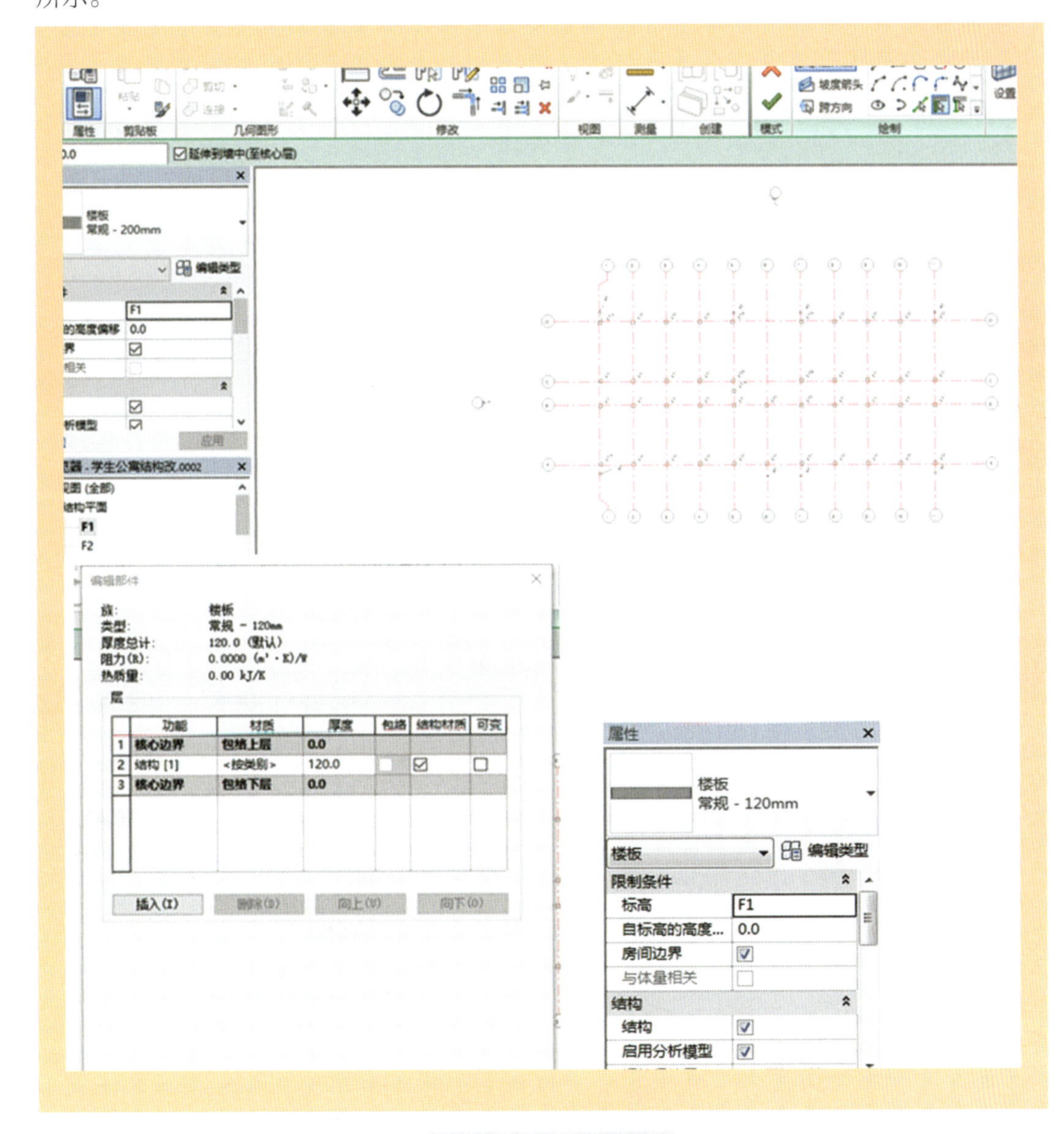

图 2-16　一层楼板设置

步骤2 单击“修改 | 楼板 > 编辑边界”→“绘制”→“边界线”，单击“绘制”面板中“直线”命令，勾选“链”，属性对话框中参数设置如图2-17所示，在绘图区绘制出楼板边界线。

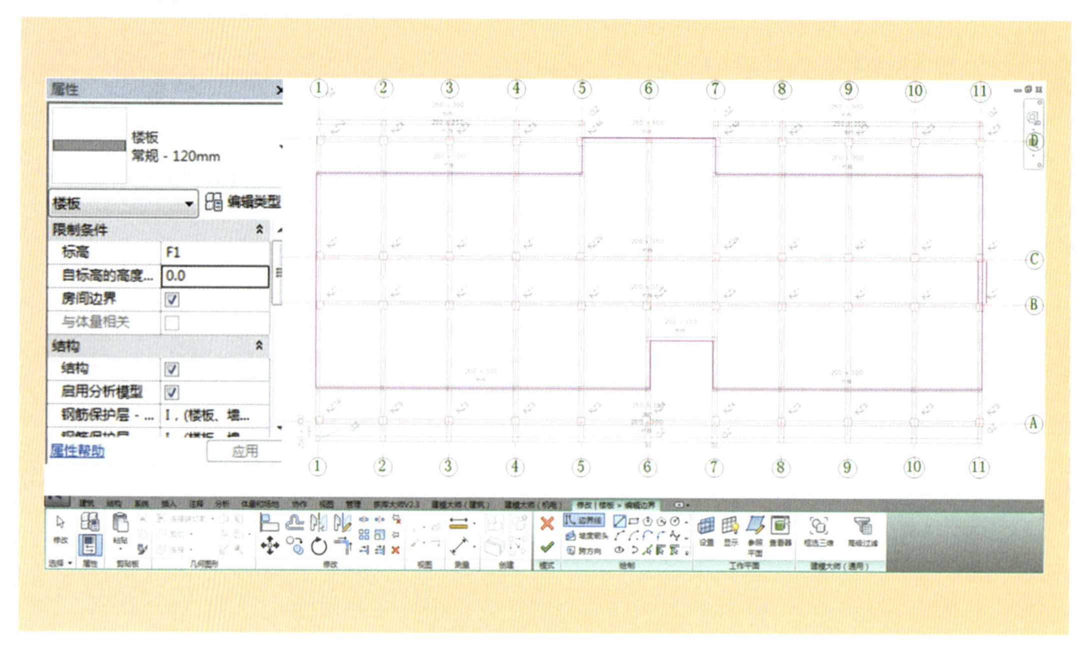

图 2-17　绘制楼板边界线

步骤3 创建“常规-80 mm”的楼板，自标高的高度偏移设置为“－50”，用上述方法在绘图区绘制出阳台及卫生间的楼板边界，如图2-18所示。一层楼板绘制完成，如图2-19所示。

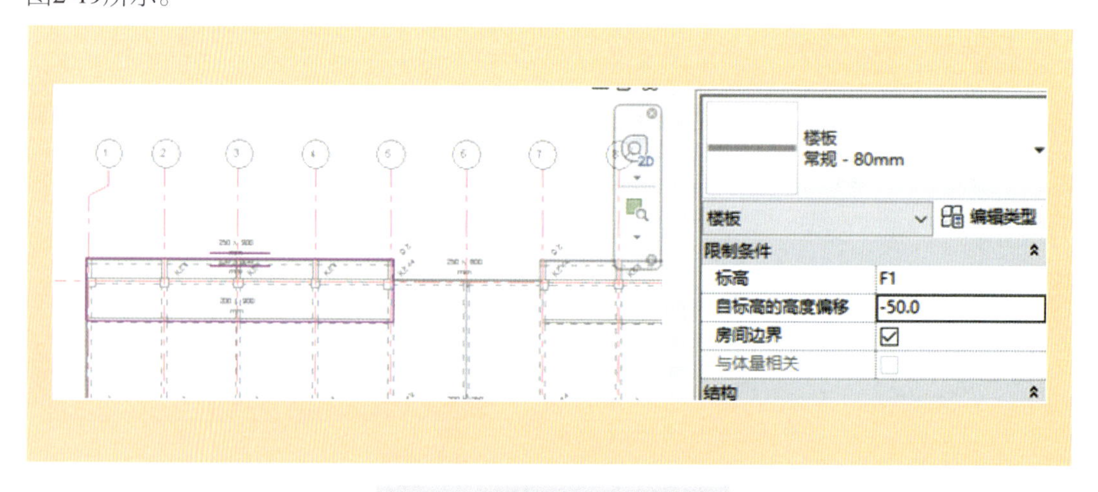

图 2-18　绘制阳台及卫生间楼板

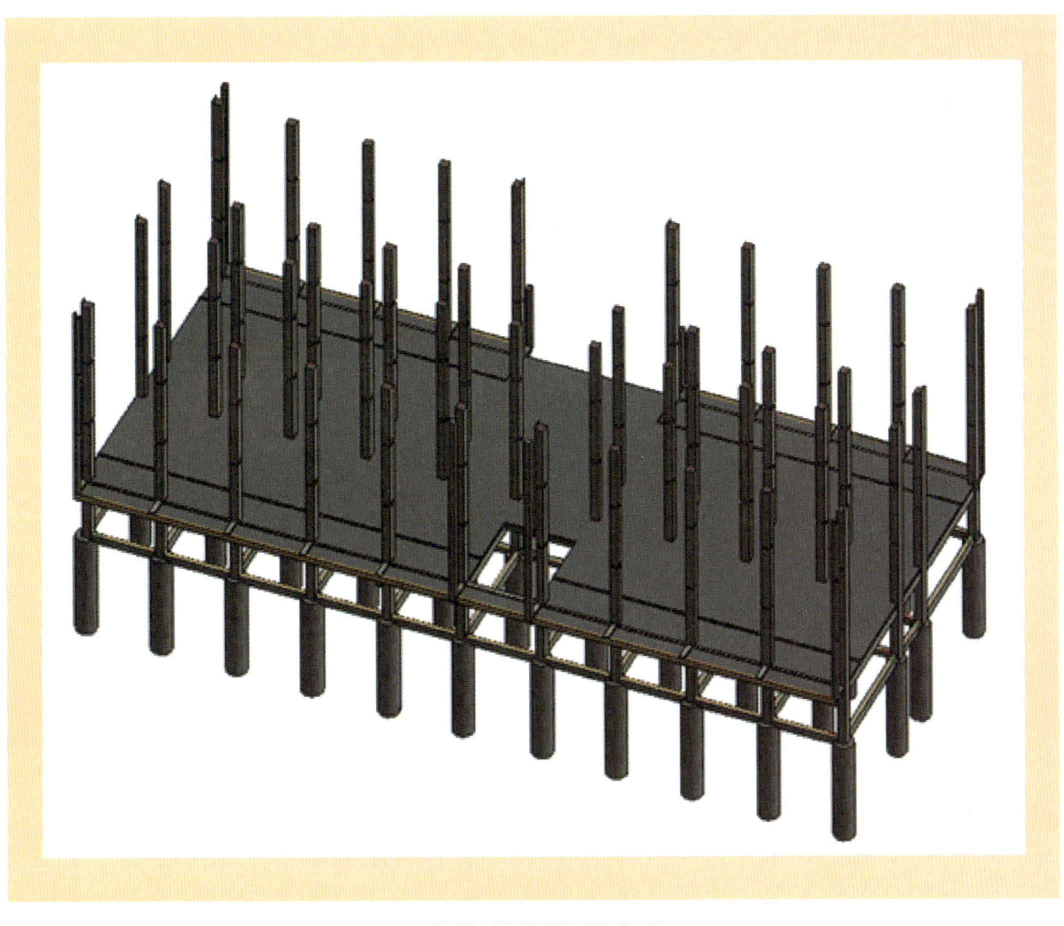

图2-19　带楼板效果图

任务六　创建二层、三层结构构件

学生宿舍共有三层，每层结构布局基本一样，因此，可以通过“复制”命令将一层所有的梁和楼板复制上去，再进行局部修改。

创建其他层结构构件

步骤1　选择一层梁及楼板。在南立面中，框选F1所有结构构件，单击“修改 | 选择多个”→“选择”→“过滤器”，勾选结构框架和楼板，单击确定。

步骤2　单击“修改 | 选择多个”→“剪贴板”→“复制到剪贴板”，单击“修改 | 选择多个”→“剪贴板”→“粘贴”→“与选定的标高对齐”，弹出“选择标高”对话框，按住Ctrl键选择F2、F3、F4，单击“确定”按钮，如图2-20所示。

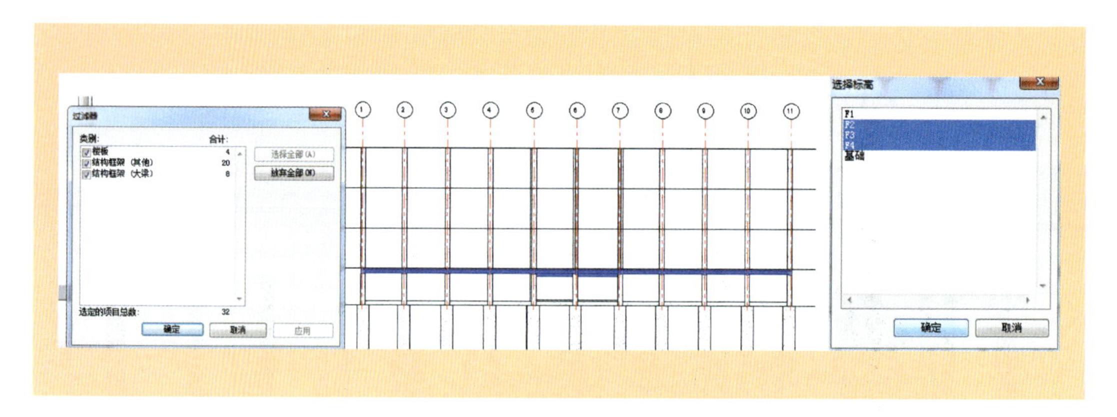

图 2-20　复制对象与选定的标高对齐

步骤3　在结构平面F2中，对照“二层结构平面图.dwg”和“二层梁配筋图.dwg”，对梁进行修改，如图2-21所示。结构平面F3的操作同上。

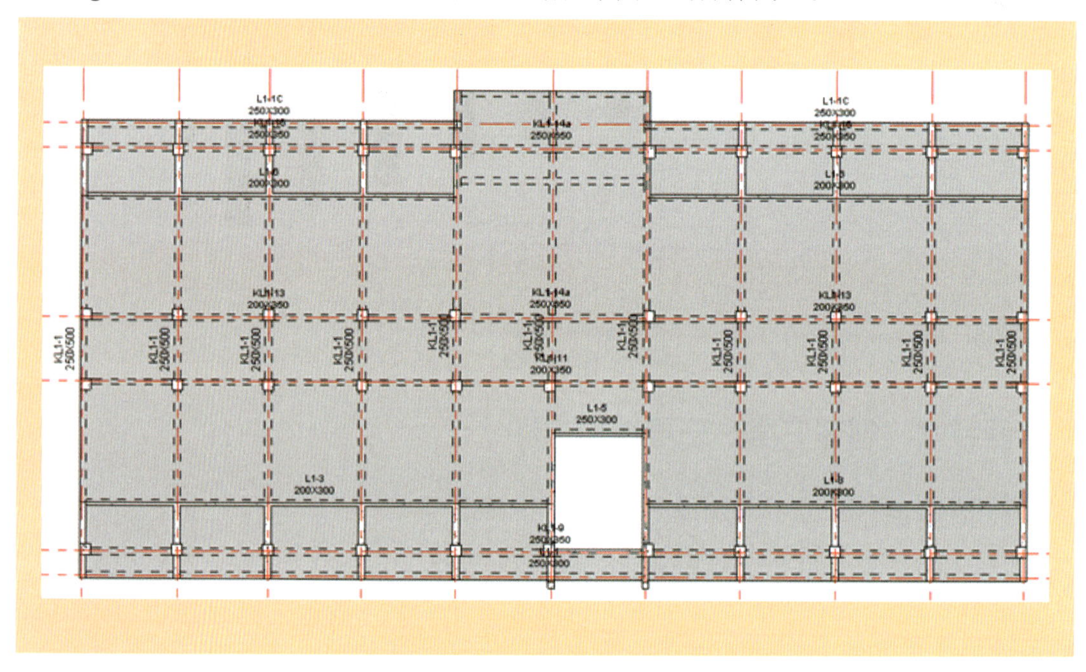

图 2-21　F2、F3 结构构件修改

步骤4　在结构平面屋顶层中对照“顶层结构平面图.dwg”和“顶层梁配筋图.dwg”，对梁进行修改，如图2-22所示。

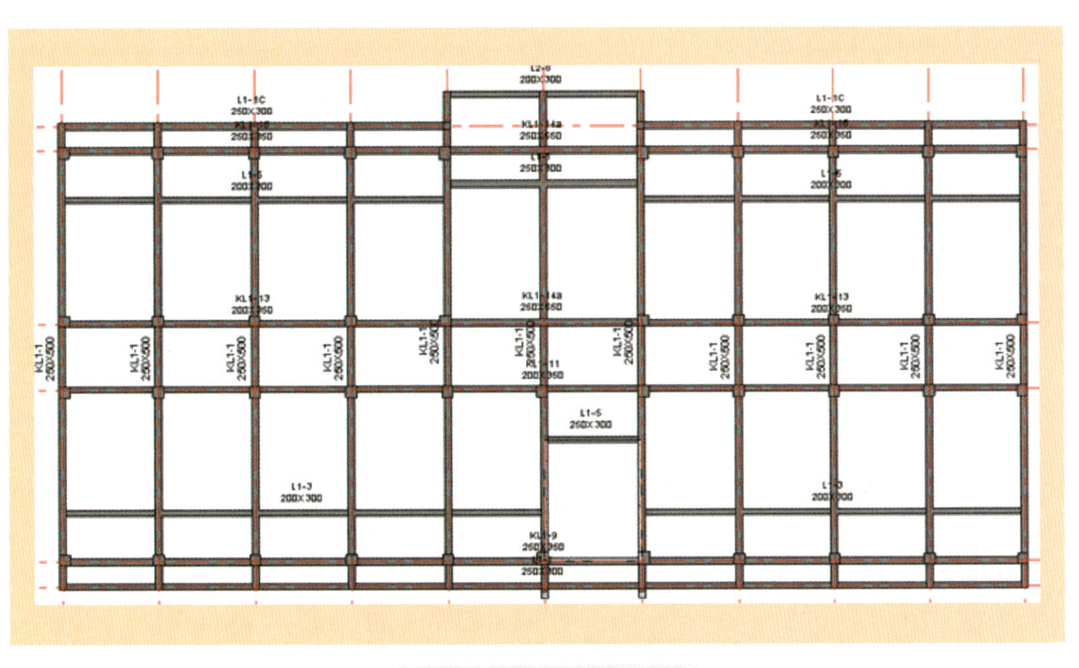

图 2-22　顶层结构构件修改

步骤5　在结构平面屋顶层中，将复制上去的楼板删除，绘制“常规-200 mm”的楼板，如图2-23所示。

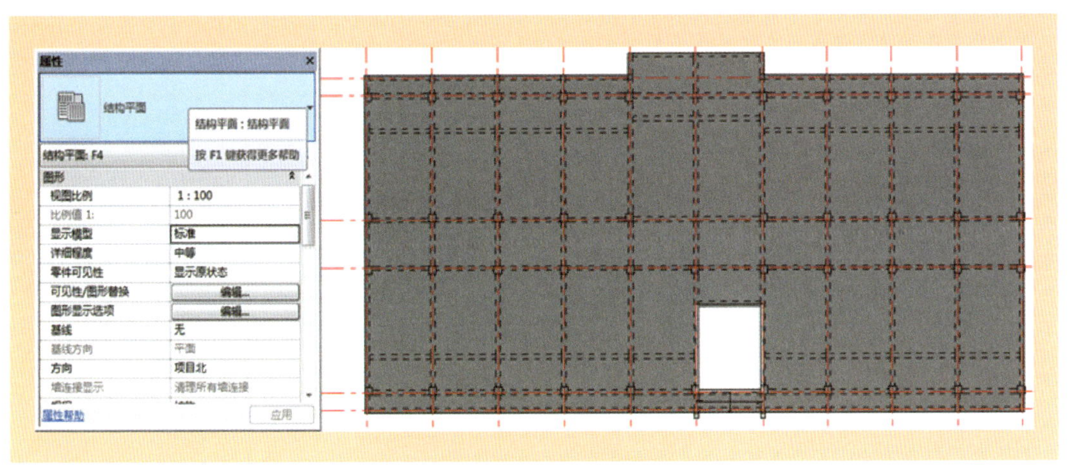

图 2-23　屋顶层楼板

步骤6　将结构构件绘制完成后，进入三维视图，框选模型，锁定并保存。绘制完成的结构模型如图 2-24所示。

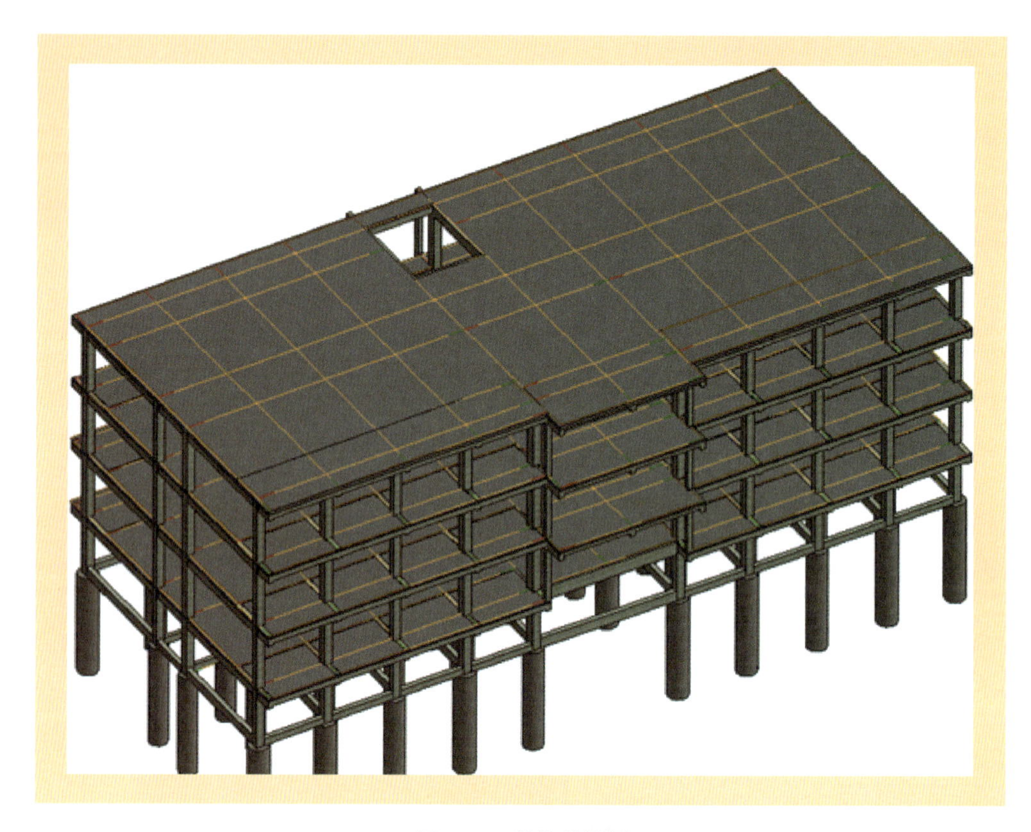

图 2-24　结构模型图

任务七　切换楼板连接顺序

下面以F1上的80厚楼板为例介绍楼板连接顺序的切换方法，其他楼板的操作方式类似。

切换楼板连接顺序

步骤1　在项目浏览器中双击“立面”→“南”，进入南立面，利用过滤器选中结构框架，即F1上的梁，如图2-25所示。

步骤2　单击“修改”→“几何图形”→“连接”→“切换连接顺序”，如图2-26所示。

步骤3　依据提示“首先拾取：选择要连接的几何图形”，单击楼板。

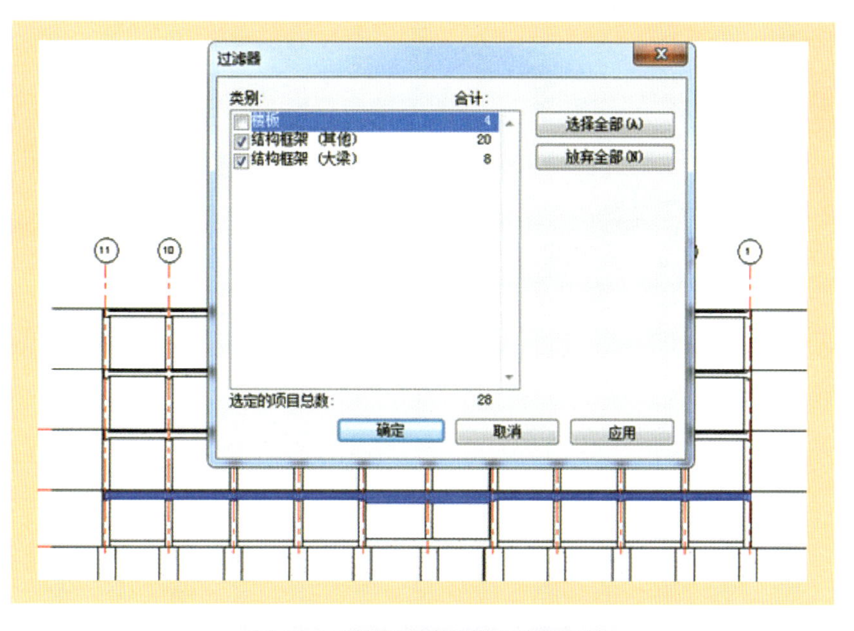

图 2-25　利用过滤器选中结构框架

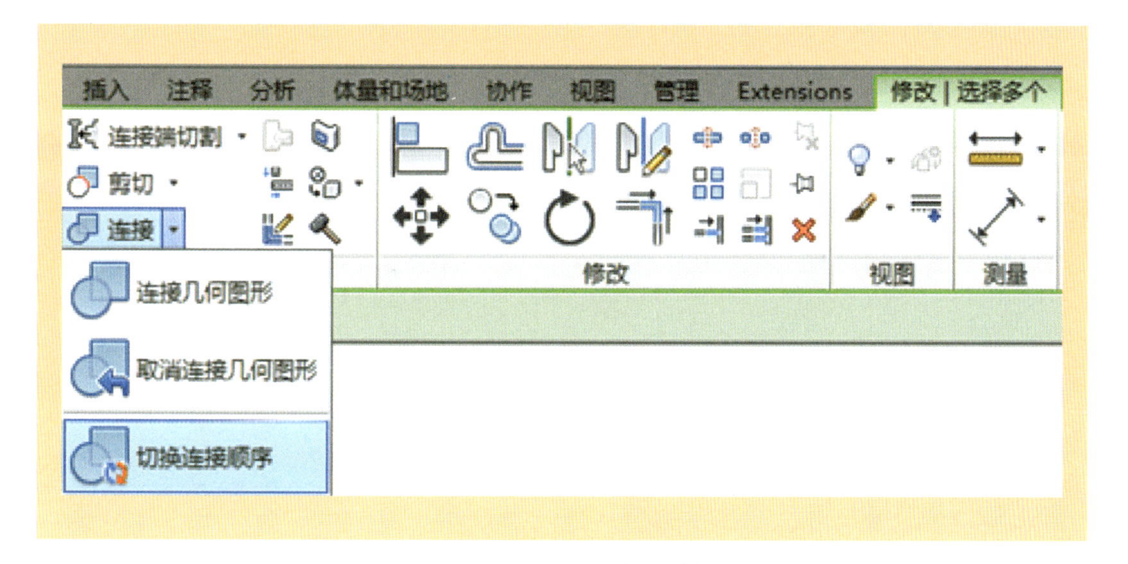

图 2-26　切换连接顺序

步骤4　依据提示“其次拾取：选择要连接到所选实体上的实心几何图形”，框选F1所有柱，切换连接顺序完成。楼板被柱切割后的效果如图2-27（a）所示。

步骤5　取消隐藏梁，隐藏柱。

步骤6　单击“修改”→“几何图形”→“连接”→“切换连接顺序”。

步骤7　依据提示“首先拾取：选择要连接的几何图形”，单击楼板。

步骤8　依据提示“其次拾取：选择要连接到所选实体上的实心几何图形”，框选F1所有梁，切换连接顺序完成。楼板被梁切割后的效果如图2-27（b）所示。

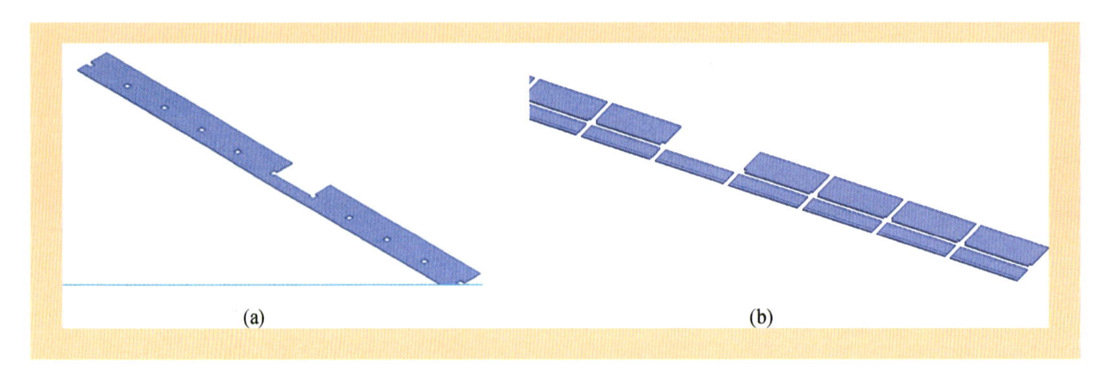

图 2-27　切换后的楼板

如果在切换的过程中系统弹出如图2-28所示的“切换连接顺序”对话框，则选择第一项。

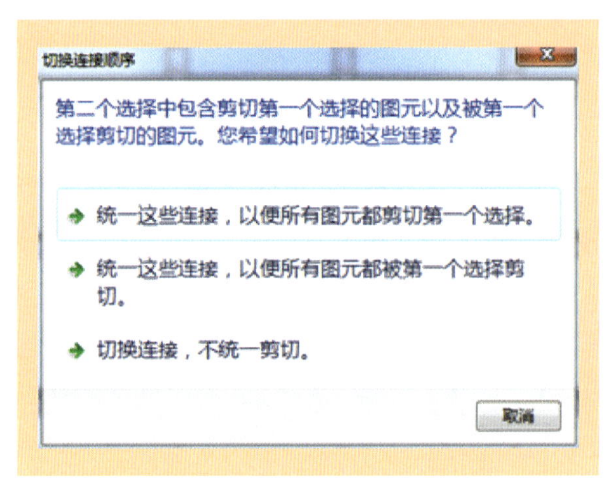

图 2-28　“切换连接顺序”对话框

2.4　1+X 拓展练习

1. 族与体量的区别

（1）参考在线课程，完成实例练习，总结族与体量的区别：

①____

②____

③____

（2）基础（学会BIM一级）。根据图2-29中给定的投影尺寸，分别使用公制常规模型与概念体量方式创建基础模型，基础底标高为−2.1 m，设置该模型材质为混凝土。读出模型体积为________，模型文件以“杯形基础”为文件名保存到考生文件夹中。

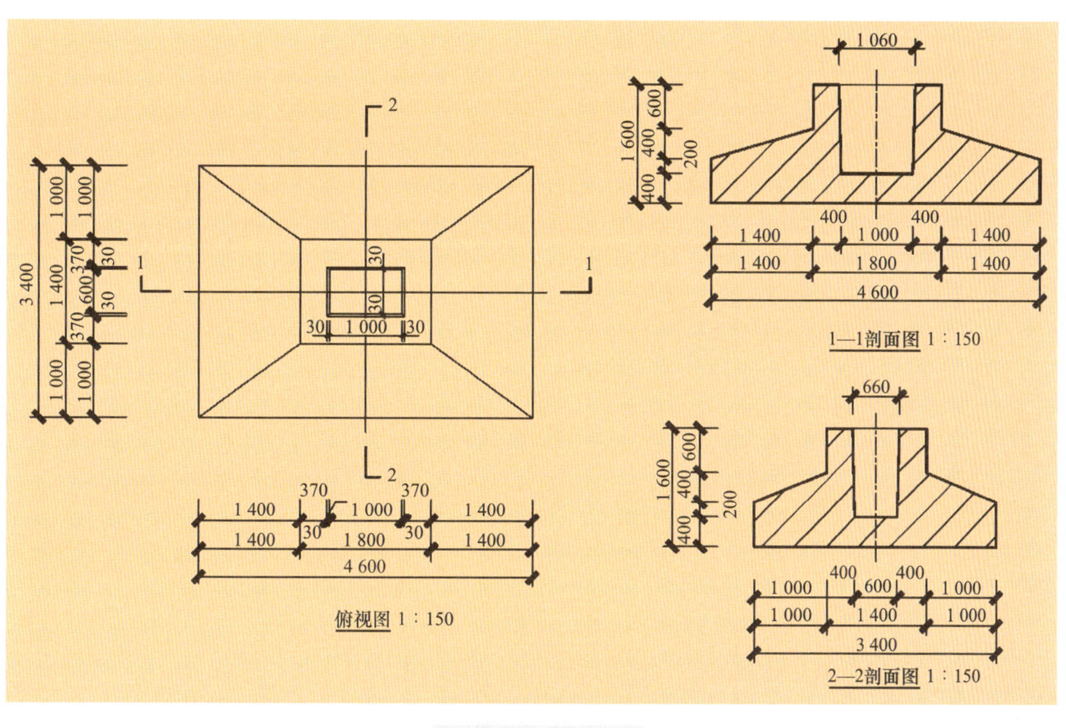

图 2-29　杯形基础

2. 参照线与模型线的区别

（1）参考在线课程，完成实例练习，总结参照线与模型线的区别：

①______________________________

②______________________________

③______________________________

（1）铜钱大厦（图学会BIM一级）。

按照图2-30所示尺寸，充分利用参照线与模型线，用体量形式创建模型。

3. 赋予体量墙、屋顶、幕墙

（1）参考在线课程，完成实例练习，总结赋予体量墙、屋顶、幕墙的方法要点：

①__墙______________________________

②__屋顶______________________________

③__幕墙______________________________

（2）体量楼层（BIM1+×2019第一次考试题—2）。

创建图2-31所示模型。①面墙厚度为200 mm的“常规-200厚面墙”，定位线为核心层中心线。②幕墙系统为网格布局600 mm×1 000 mm（即横向网格间距为600 mm，竖向网格间距为1 000 mm），网格上均设置竖挺，竖挺均为圆形竖挺，半径为50 mm。③屋顶为厚度400的“常规-400 mm”屋顶。④楼板为厚度150的“常规-150 mm”楼板；标高1至标高6上均设置楼板。请将该模型以“体量楼层+考生姓名”为文件名保存至考生文件夹中。

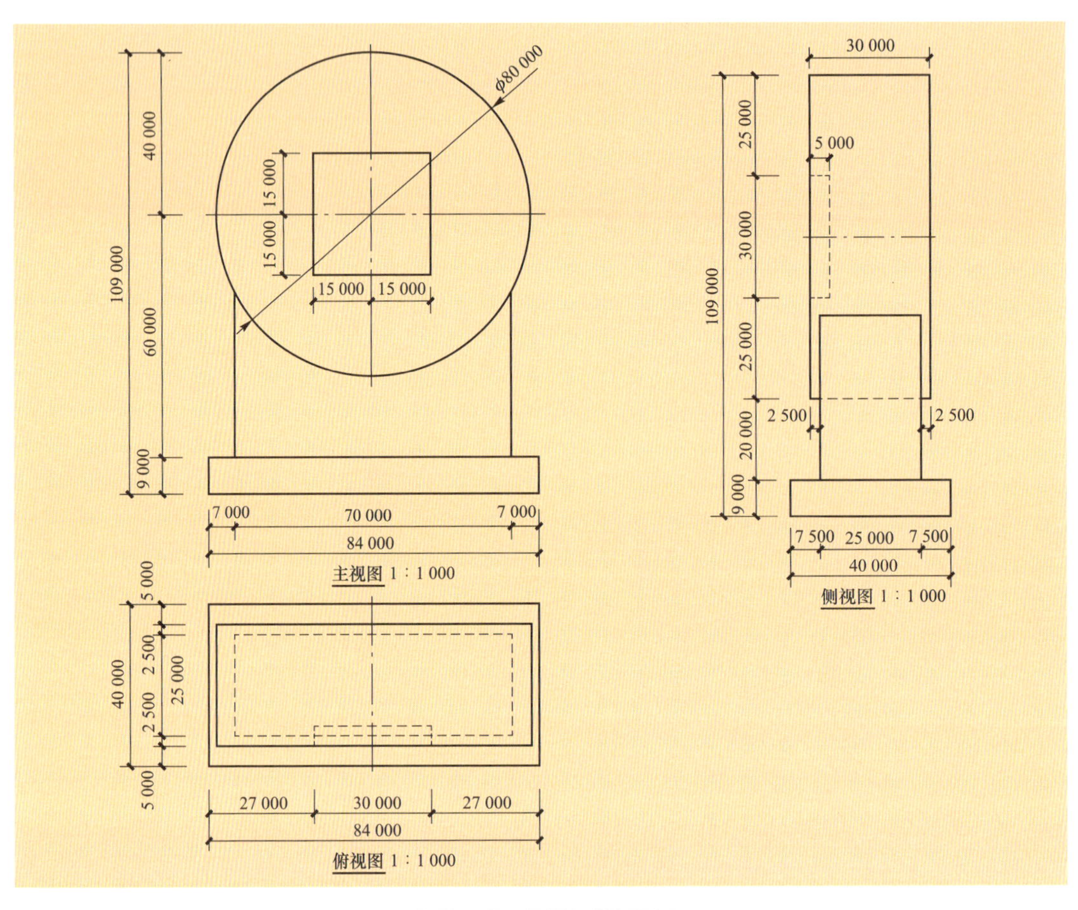

图 2-30　铜钱大厦图示

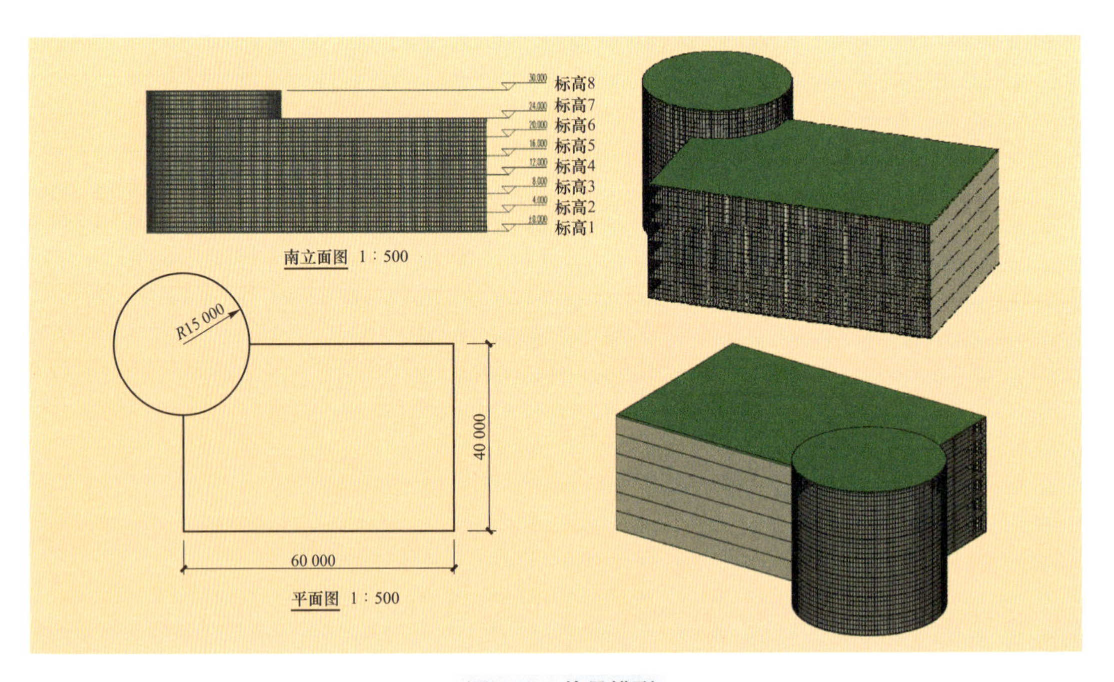

图 2-31　体量模型

CHAPTER

02

第 2 篇

Revit 建筑建模

项目三 建筑标高与轴网

3.1 项目说明

由于结构模型已完成，建筑模型的标高与轴网可以利用“协同”工具。

（1）首先建立标高，标高可以通过“协同”工具从结构模型复制后进行调整。

（2）轴网可以通过“协同”工具从结构模型复制，也可以通过导入的CAD图中拾取，为了练习需要，本实例采用拾取。

3.2 项目分析

建筑模型与结构模型的区别有：

（1）结构模型中的梁板柱可以进行配筋，建筑模型中的梁板柱不可以进行配筋。

（2）建筑模型因为在结构楼板的表面有装饰的砂浆、瓷砖、木地板等，通常楼板标高比结构楼板高100~150 mm。

3.3 项目实施

任务一 新建文件

新建文件

步骤1 单击“新建”→“项目”命令，打开“新建项目”对话框，单击“浏览”按钮，选择“样板文件-学生公寓建筑”，单击“打开”按钮，再单击“确定”按钮即新建项目文件，如图3-1所示。输入项目信息，查看结构部分。

步骤2 单击“插入”→“链接”→“链接Revit”命令，打开如图3-2所示的“导入/链接”对话框，选择“学生公寓结构”，定位使用“自动-原点到原点”。

步骤3 单击“应用程序菜单”→“另存为”→“项目”命令，或单击“快速访问工具栏”中“保存”按钮，打开“另存为”对话框，设置保存路径，输入项目文件名为“学生公寓-建筑”，单击“保存”按钮即可保存项目文件，如图3-3所示。

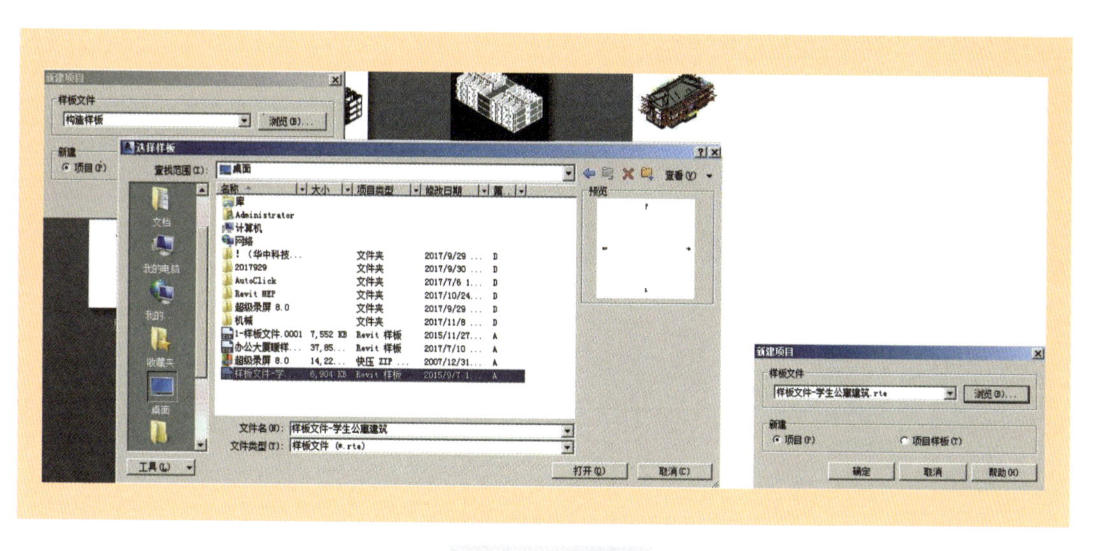

图 3-1　新建项目

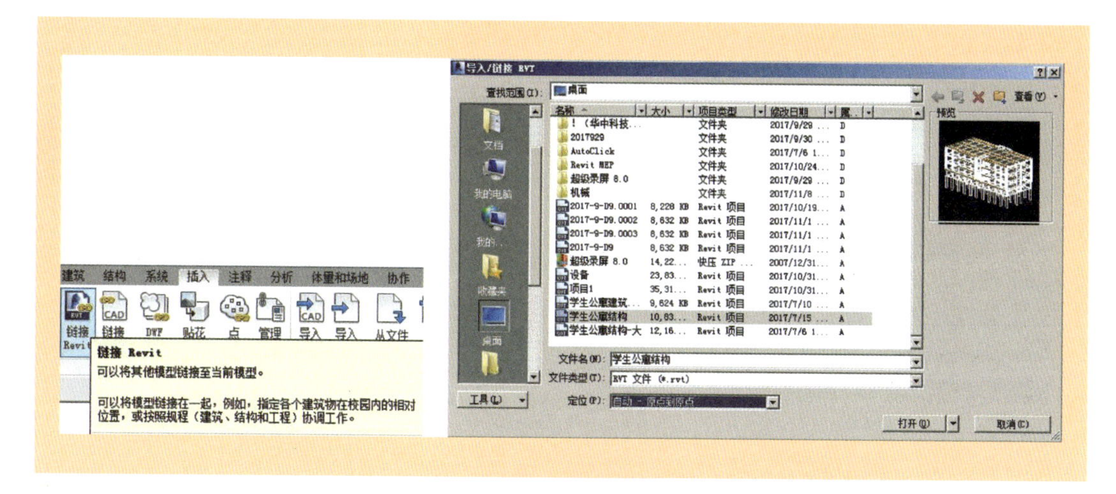

图 3-2　项目信息

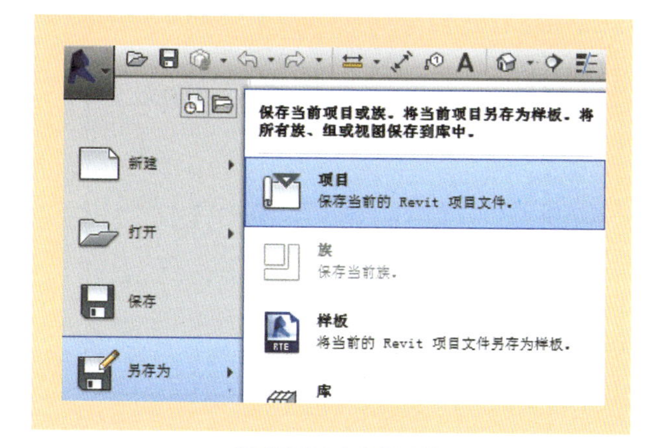

图 3-3　项目保存

任务二　创建标高与建筑平面

创建标高与建筑平面

步骤1　在项目浏览器中展开“立面（建筑立面）”项，双击视图名称“南”立面进入南立面视图，删除样板自带标高，如图3-4所示。单击“协作”→“坐标”→“复制/监视”→“选择链接”命令，框选“学生公寓-结构”，如图3-5所示。界面随之发生变化。

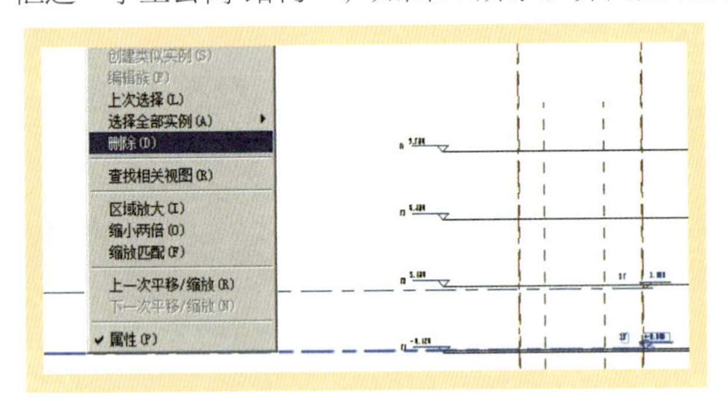

图 3-4　删除样板自带标高

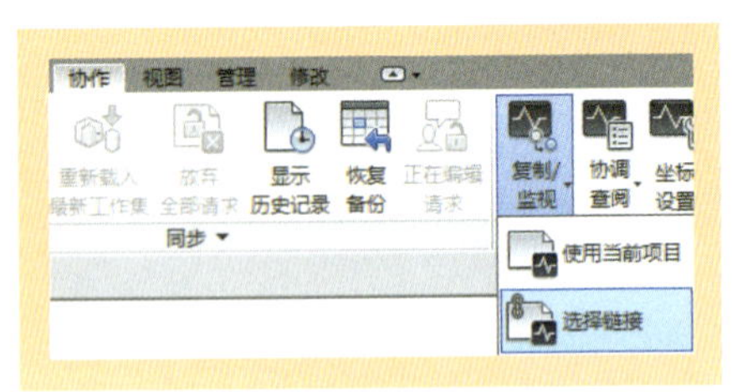

图 3-5　协作

步骤2　在新界面中单击“复制/监视”→“复制”命令，在选项栏勾选“多个”，单击▼图标，过滤所有标高，在选项栏单击“完成”按钮，在功能区选项卡单击“√”，标高被复制，如图3-6至图3-8所示。

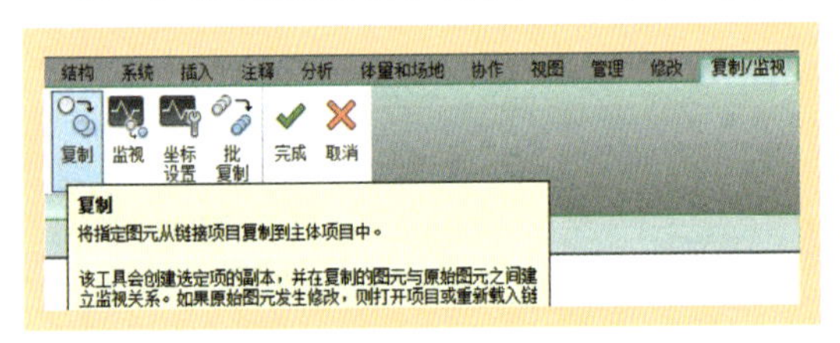

图 3-6　复制标高（一）

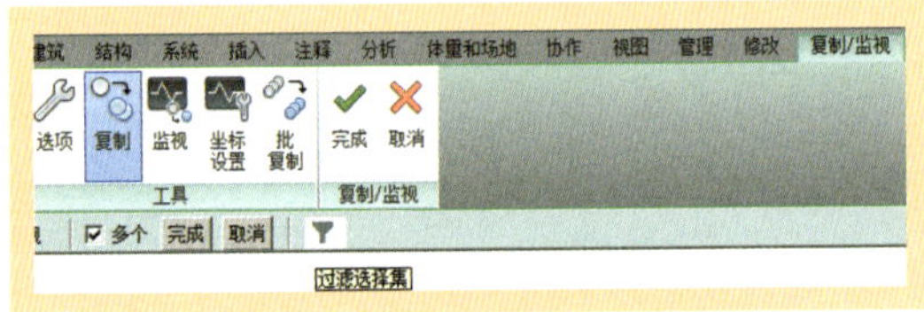

图 3-7　复制标高（二）

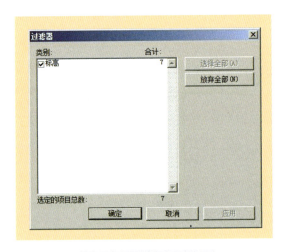

图 3-8　复制标高（三）

步骤3 选中F1～F4标高，上移120 mm，锁定，如图3-9和图3-10所示。在属性中将F1改为“GB-零标高符号”。

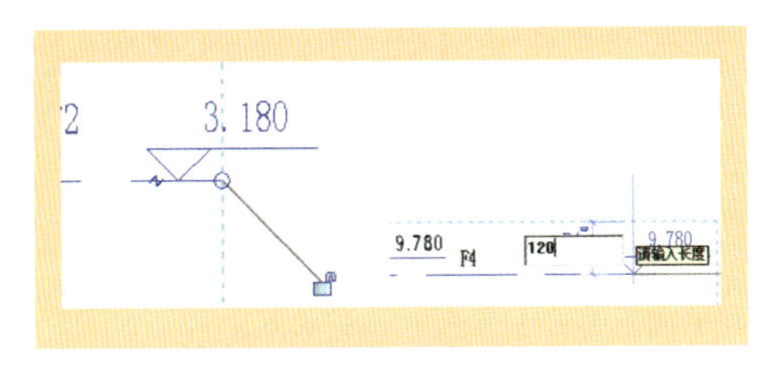

图 3-9 修改标高（一）

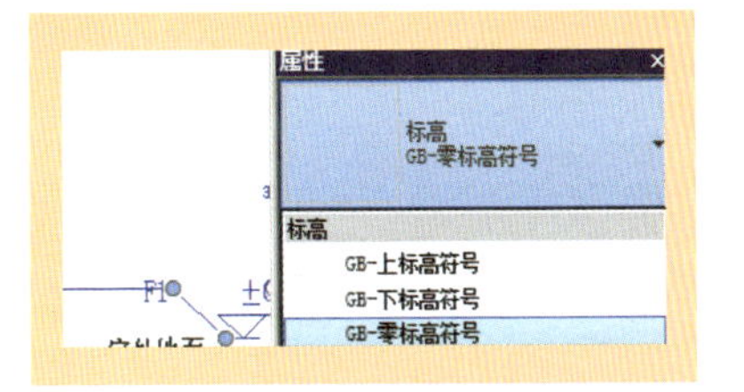

图 3-10 修改标高（二）

步骤4 创建楼层平面，如图3-11所示。详细步骤参考结构部分。

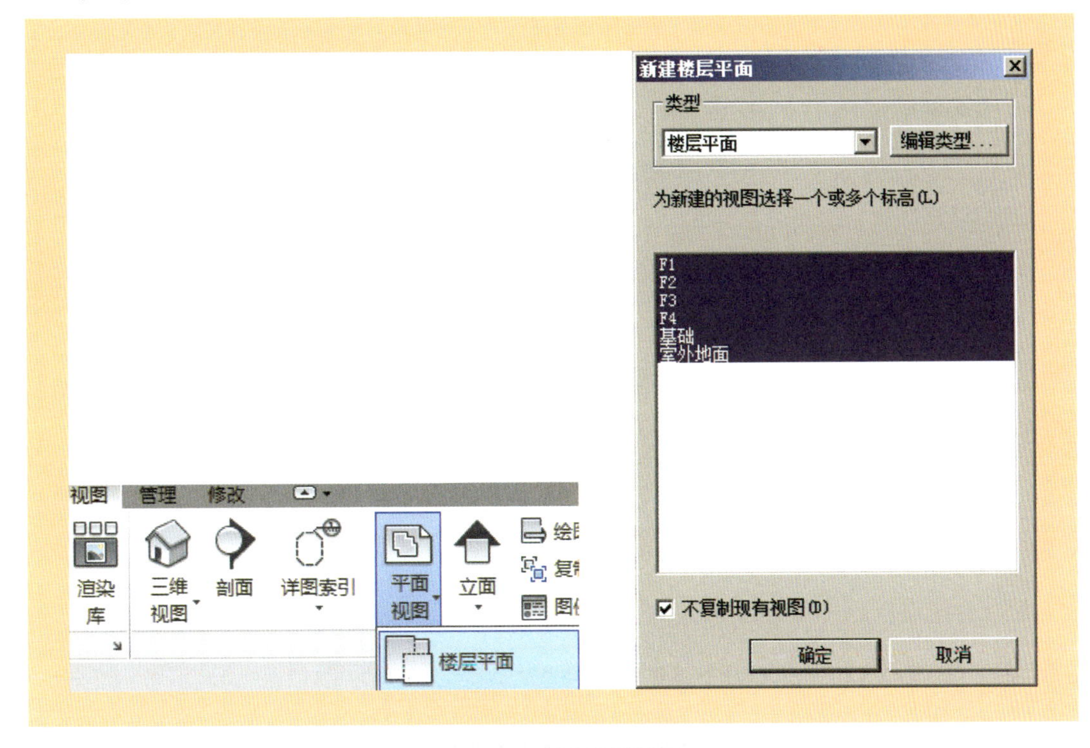

图 3-11 创建楼层平面

任务三 创建轴网

步骤1 在项目浏览器中双击“楼层平面”选项下的“F1”视图，打开首层平面视图。导入CAD图“学生公寓建筑-楼层平面-F1.dwg”，定位使用“自动-原点到原点”，如图3-12所示。

创建轴网

步骤2 使用拾取轴线命令，依次建立建筑轴线①～⑪，Ⓐ～Ⓕ，如图3-13所示。

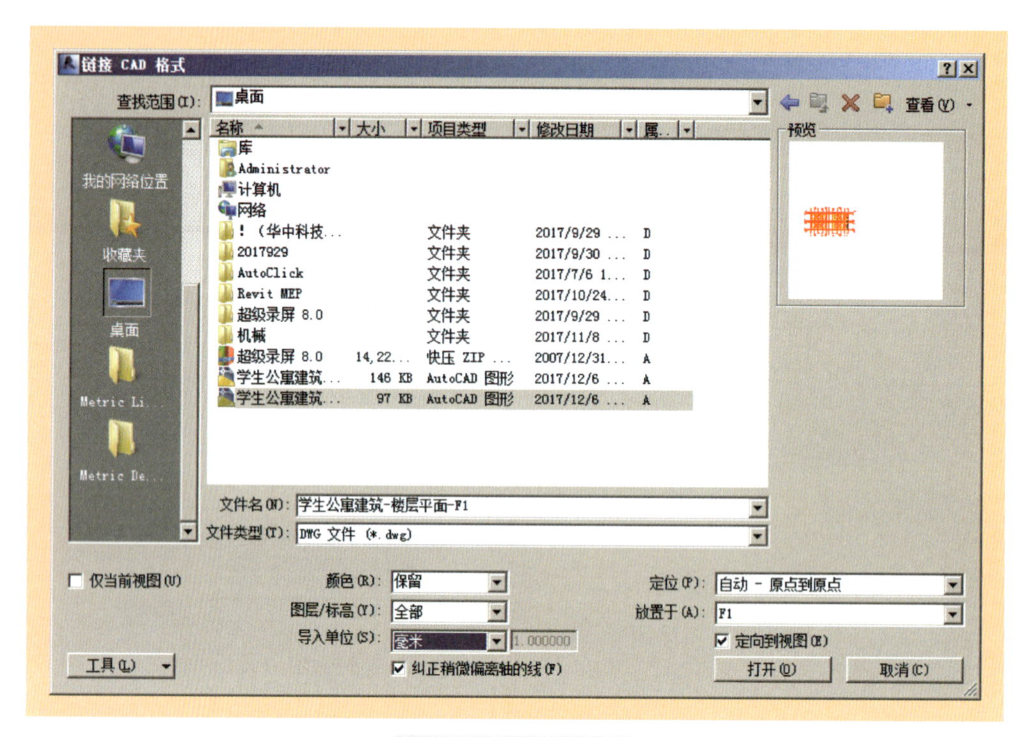

图 3-12　导入 CAD 图

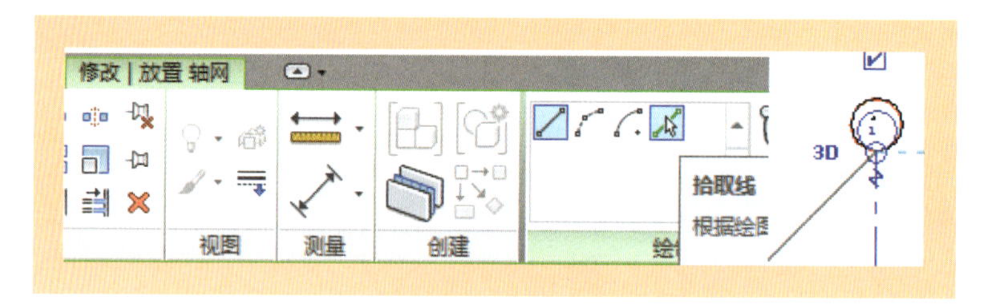

图 3-13　拾取轴线

3.4　项目拓展　项目北与正北

项目北，即Revit楼层平面视图的上方，是为了建模或者设计的时候，方便工程师的操作界面；是项目实际地理位置的实际方向。旋转正北的方法如下：

步骤1　在项目浏览器中双击“楼层平面”项下的“F1”视图，打开首层平面视图。单击“注释”→“符号”→“符号”，载入族“指北针”，放置指北针，以便从视图上观察项目。

步骤2　在楼层平面属性面板中设置方向为正北，此时视图呈“正北”模式状态。

步骤3　单击管理→项目位置→位置→旋转正北，将项目逆时针旋转30°，如图3-14所示。

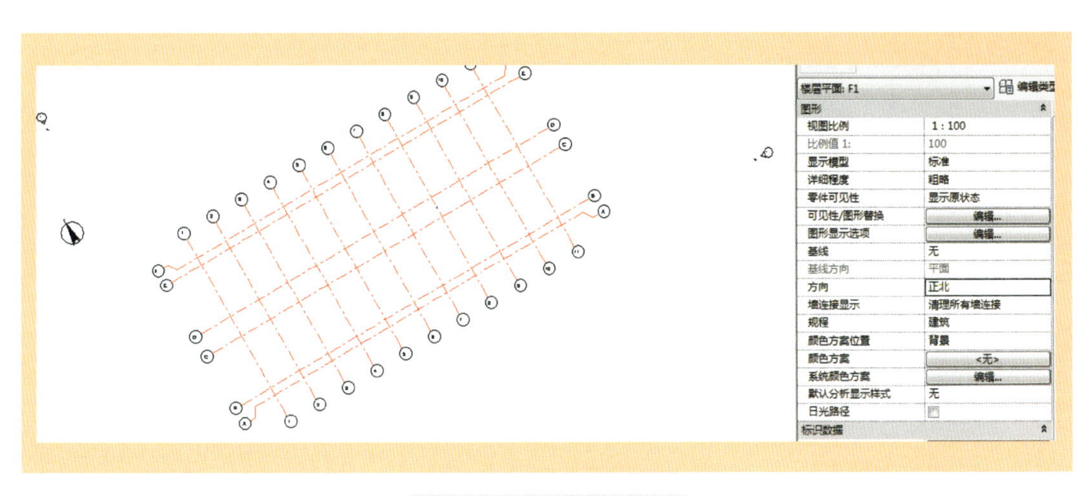

图 3-14　逆时针旋转 30°

3.5　1+X 拓展练习

（1）根据图3-15给定数据创建轴网并添加尺寸标注，尺寸标注文字大小为3 mm，轴头显示方式以图3-15为准。请将模型以“轴网”为文件名保存到考生文件夹中。

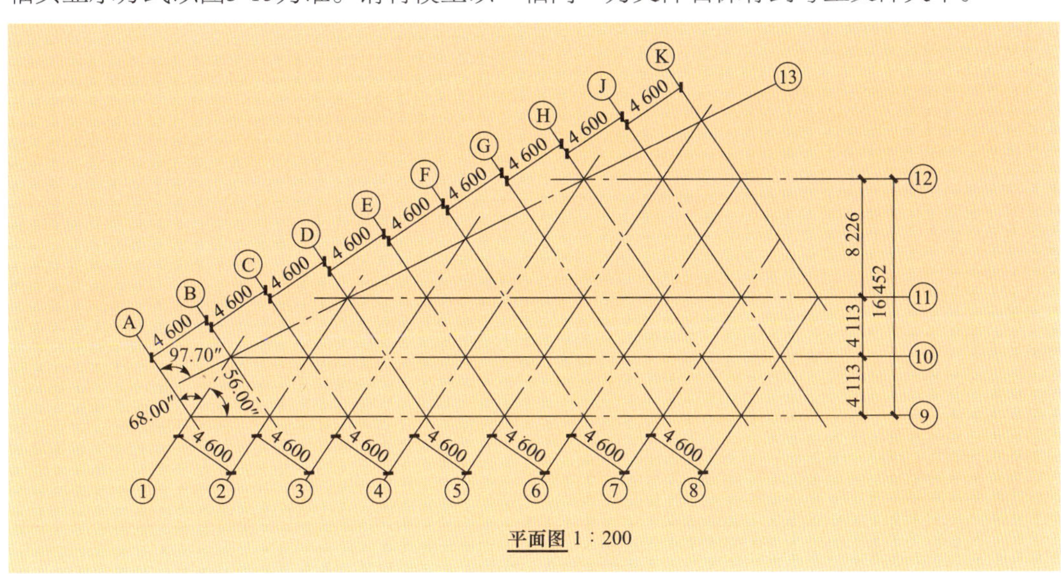

图 3-15　轴网

（2）根据图3-16给定数据创建标高与轴网，显示方式参考图3-16。请将模型以“标高轴网”为文件名保存到考生文件夹中。

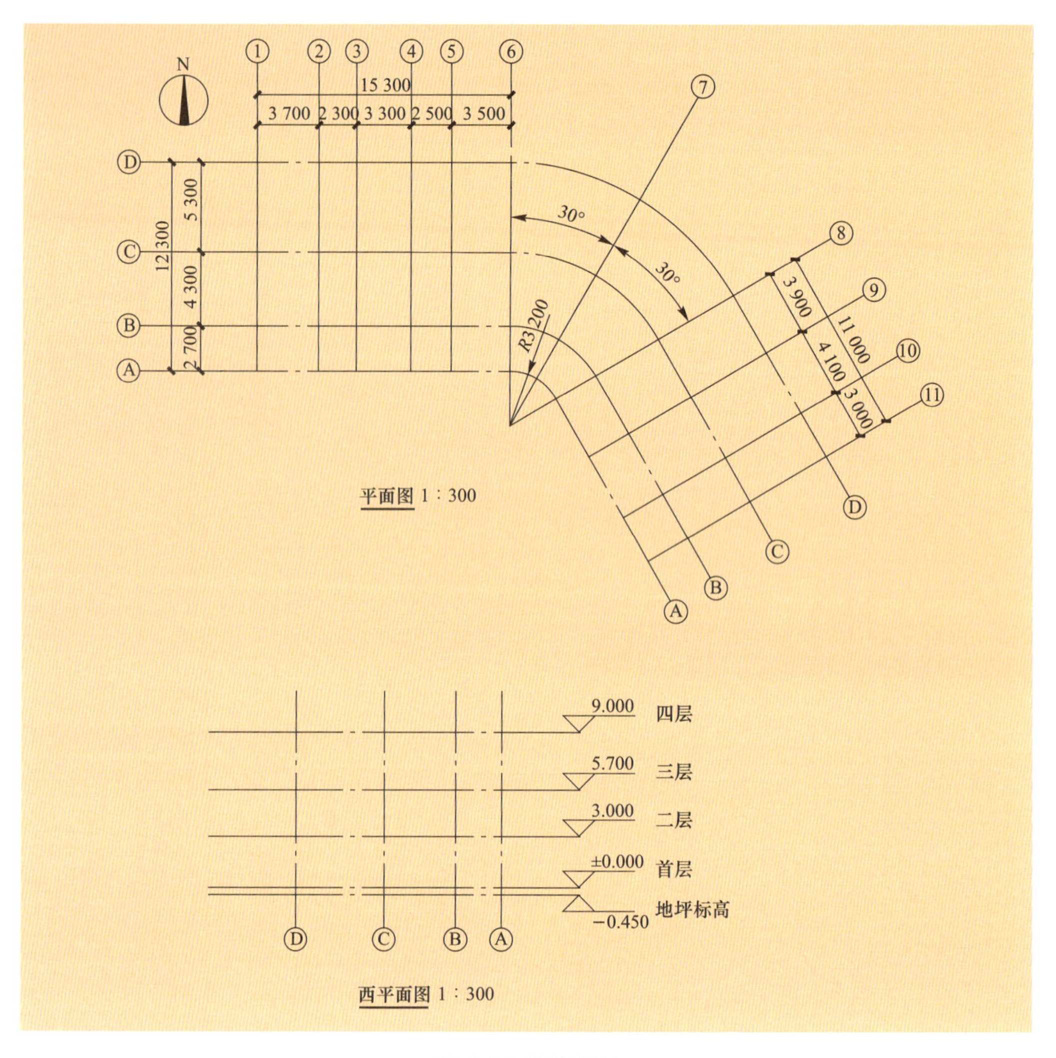

图 3-16　标高轴网

项目四　墙体与楼板

4.1　项目说明

（1）首先建立外墙，可以通过CAD图辅助建立，也可以自己设计。

（2）建立楼板，可以拾取墙，也可以绘制楼板轮廓，轮廓完成后单击“完成绘制”命令创建楼板。在完成楼板后弹出的剪切对话框中选择“是”，楼板与墙相交的地方将自动剪切，楼板侧面裸露于墙外，这种情况一般是地下室，地上的部分弹出的对话框中应选择“否”，楼板与墙相交的地方将不会自动剪切，这样楼板包裹于墙内。

（3）建立内墙组，使用将内墙成组以后再复制的方式。因为在建筑中常有重复的套间或单间，成组以后如果要在单间或套间中加入或修改图元，只需修改任意一个组中的图元，其他组会自动进行相同的修改，以便加快建模的速度。

4.2 项目分析

Revit建筑墙体项下有：内墙、外墙、叠层墙、幕墙等，本节不涉及幕墙。

（1）内墙：内墙一般为200或100厚度，加上砂浆、涂层、墙纸，以首层为例，其高度一般由F1楼板上顶面至F2楼板下底面，如果有梁，应在梁下。

（2）外墙：外墙应顺时针方向绘制，这样可以保证内外面正确，其高度与内墙不同，需要把楼板包络在内，以首层为例，其高度一般由F1楼板下底面至F2。

（3）叠层墙：建筑设计因为美观的需要，一堵墙的下半段与上半段装饰方式不同，需要用到叠层墙，可由两种不同墙体复合而成。

4.3 项目实施

任务一 绘制一层外墙

步骤1 将灰色花岗岩、灰色瓷砖图片放入材质库。路径为X:\Program Files（x86）\Cmmon Files\Autodesk Shared\Materials\Textures\3\Mats。

绘制一层外墙

步骤2 单击“建筑”→“墙”→“墙：建筑”命令，在属性选项中选择“基本墙普通砖－200 mm”，单击“编辑类型”，弹出“类型属性”对话框，如图4-1所示。

步骤3 复制生成新的类型，名称修改为“灰色花岗岩外墙”，如图4-2所示。

步骤4 在“类型参数”→“构造”→“结构”中设置灰色花岗岩外墙构造，如图4-3所示。

步骤5 单击“建筑”→“墙”→“墙：建筑”命令，在属性选项中选择“灰色花岗岩外墙”，单击“编辑类型”，新建“灰色瓷砖外墙”，设置“灰色瓷砖外墙”构造，如图4-4所示。

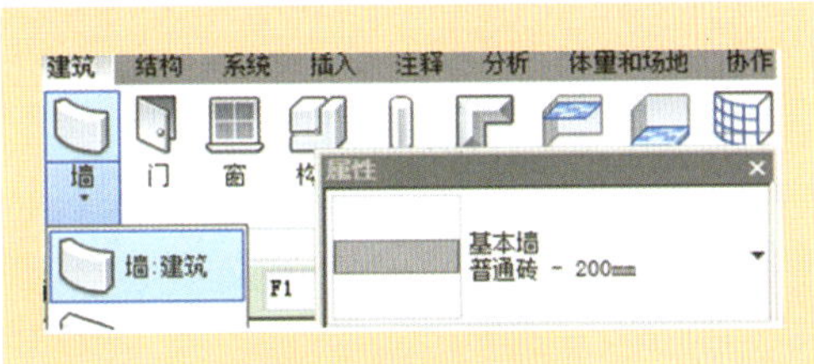

图 4-1 墙类型属性

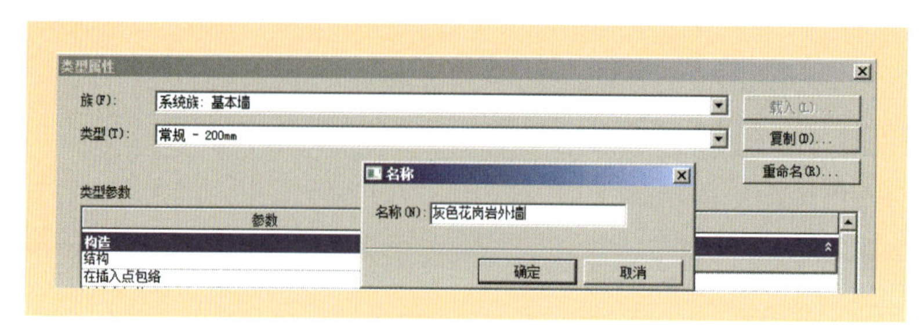

图 4-2　设定墙名称

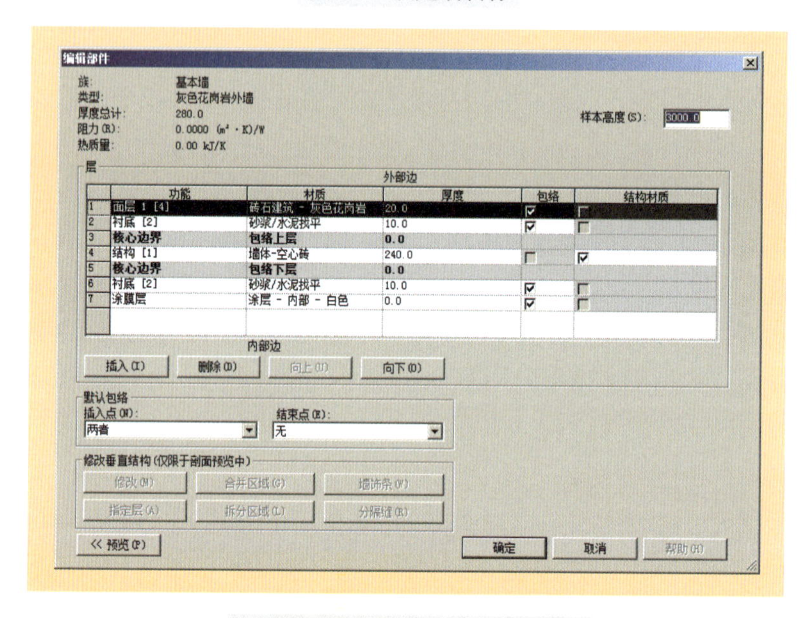

图 4-3　灰色花岗岩外墙参数设置

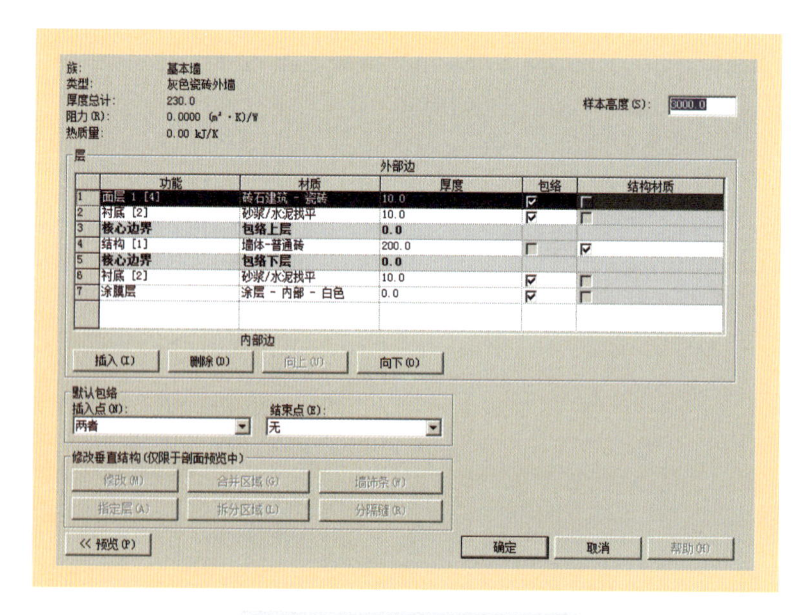

图 4-4　灰色瓷砖外墙参数设置

步骤6　在F1楼层，单击“建筑”→“墙”→“墙：建筑”命令，在墙类型下拉列表中选择“外部-带金属立柱的砌块上的砖”，在属性面板中单击“编辑类型”按钮，系统会弹出“类型属性”对话框，复制出“外部-灰色叠层墙”，单击“编辑”按钮，系统会弹出“编辑部件”对话框，设置“外部-灰色叠层墙”构造，如图4-5所示。

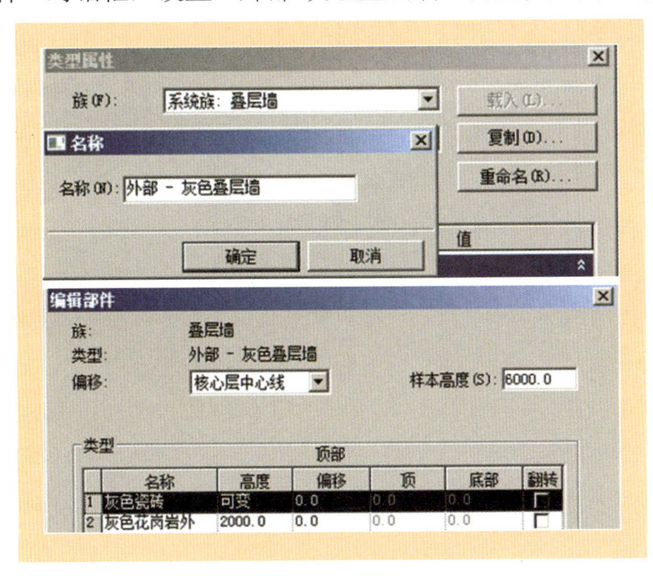

图 4-5　外墙构造层设置

步骤7　单击“建筑”→“墙”→“墙：建筑”命令，在属性选项中选择“外部-灰色叠层墙”，调整属性面板“底部限制条件”为“F1”，“底部偏移”为“－1 400”，“顶部约束”为“直到标高：F2”，如图4-6所示。

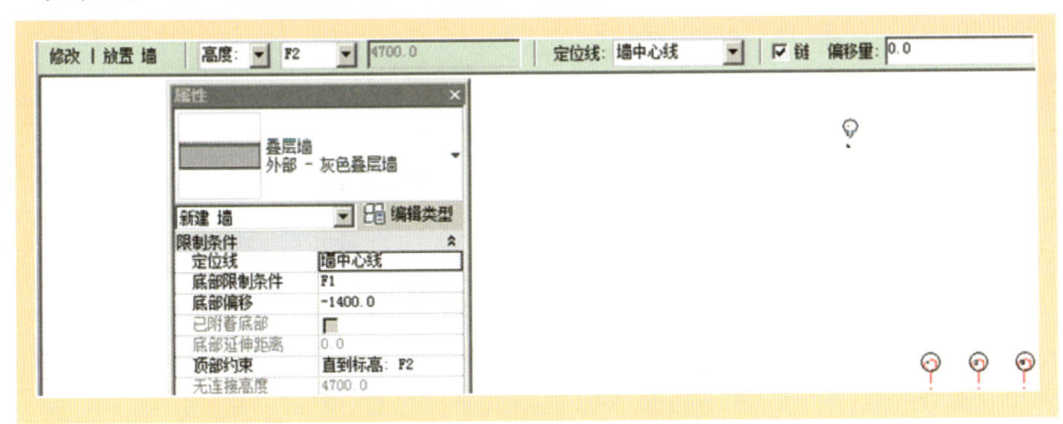

图 4-6　一层公共区楼板

步骤8　单击“直线”命令，移动光标单击鼠标左键选择CAD图上外墙起点，顺时针依次单击外墙体中心线。

步骤9　通过过滤隐藏其他构件，保存文件，完成后的一层外墙如图4-7所示。

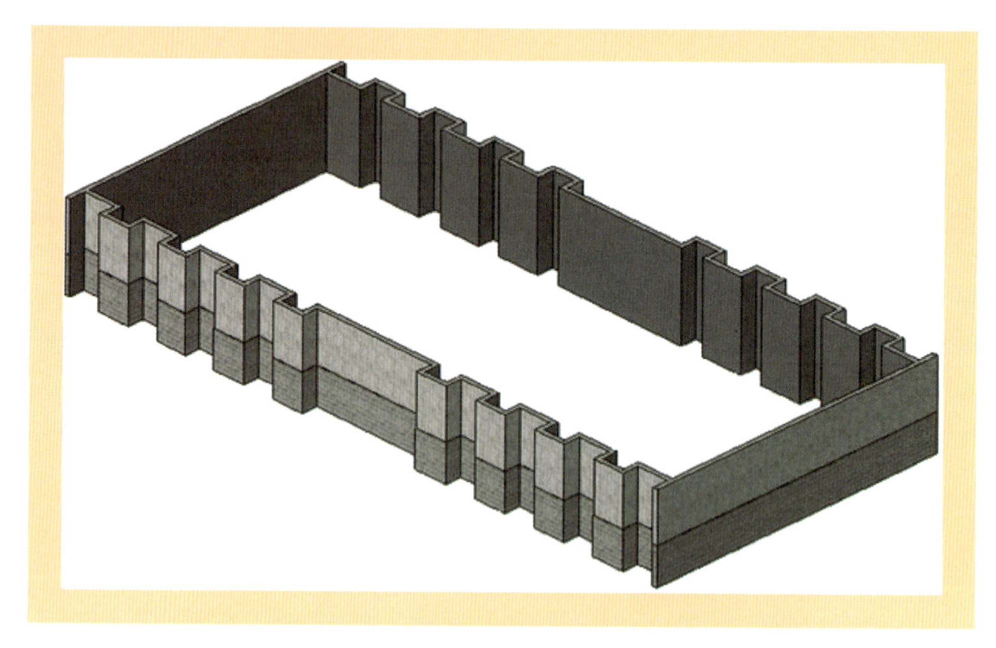

图 4-7　完成外墙

任务二　绘制一层内墙

步骤1　绘制单间200 mm内墙。单击“建筑”→“墙”命令，在属性选项中选择“基本墙：普通砖－200 mm”，“定位线”选择“墙中心线”，设置实例参数“底部限制条件”为“F1”，“顶部约束”为“直到标高：F2”，“顶部偏移”为“－120”，如图4-8所示。

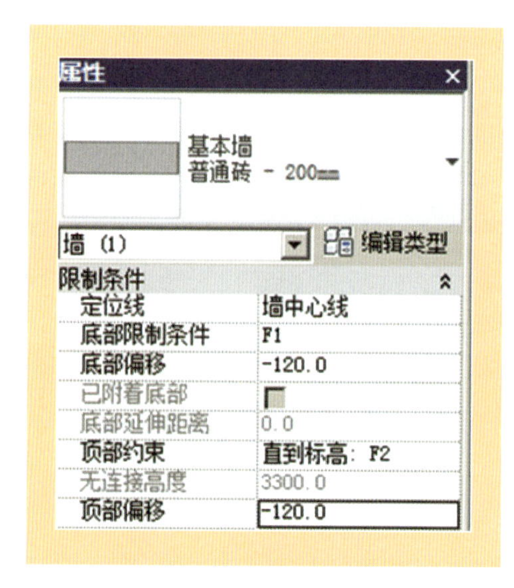

图 4-8　200 mm 内墙参数

在选项栏中单击“直线”命令，绘制200 mm内墙，如图4-9所示。

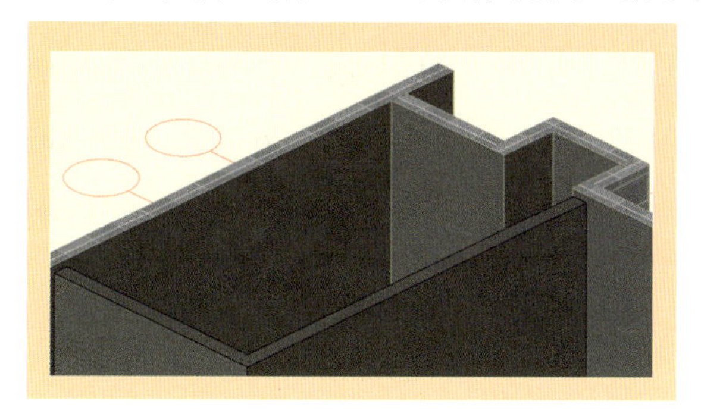

图 4-9　绘制 200 mm 内墙

步骤2　绘制单间100 mm内墙，与上一步骤类似。完成后的单间墙体如图4-10所示。

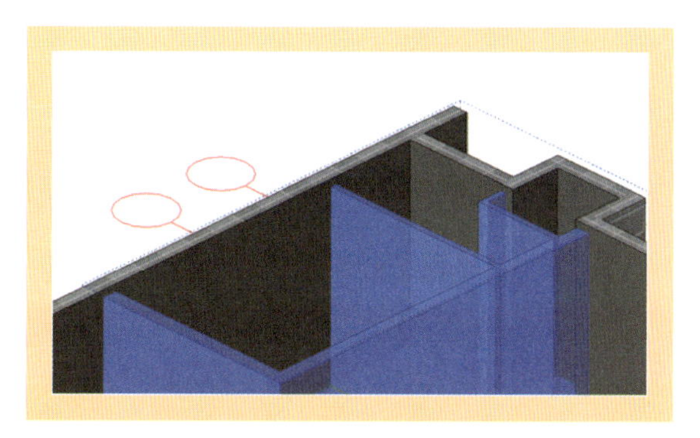

图 4-10　绘制单间 100 mm 内墙

任务三　绘制一层楼板

绘制一层楼板

步骤1　单击“建筑”→“楼板”命令，在“属性”选项中选择楼板类型为“常规 100 mm”。单击“编辑类型”→“类型属性”→“编辑部件”命令，复制出新建“楼板－瓷砖”类型。其构造层设置如图4-11所示。

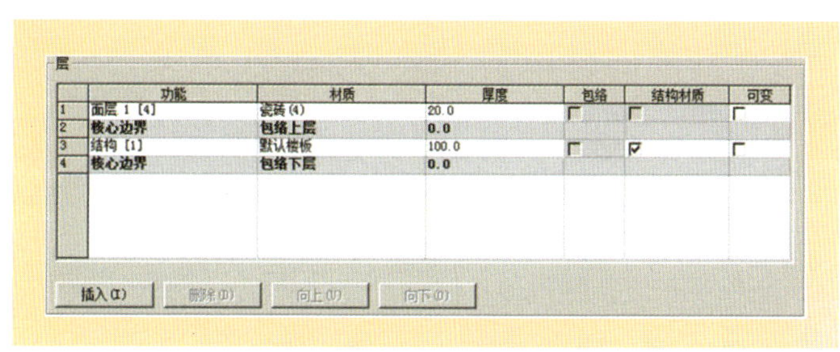

层

	功能	材质	厚度	包络	结构材质	可变
1	面层 1 [4]	瓷砖(4)	20.0	☐	☐	☐
2	核心边界	包络上层	0.0			
3	结构 [1]	默认楼板	100.0	☐	☑	☐
4	核心边界	包络下层	0.0			

插入(I)　删除(D)　向上(U)　向下(O)

图 4-11　楼板构造层设置

步骤2 打开一层平面。单击“建筑”→“楼板”命令，进入楼板绘制模式。选择“绘制”面板，单击“拾取墙”或“拾取线”命令，如图4-12在选项栏中设置偏移为“－20”，移动光标到内墙内边线上，依次单击拾取内墙内边线自动创建楼板轮廓线，如图4-13所示。拾取墙创建的轮廓线可自动和墙体保持关联关系，如果在跳出的关联选项中选择“否”，那么拾取线将创建无关联关系。

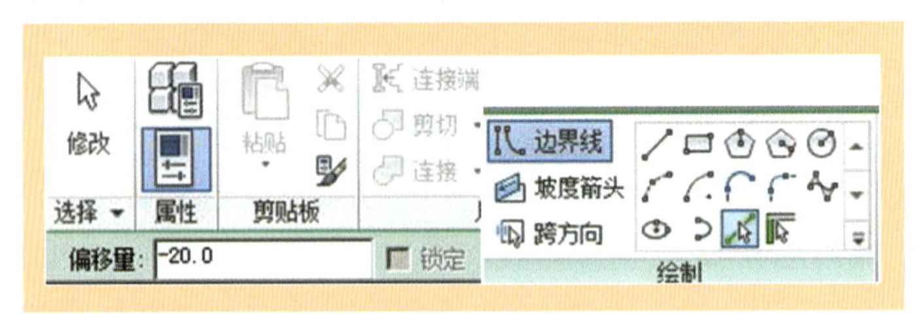

图 4-12　楼板设置与绘制

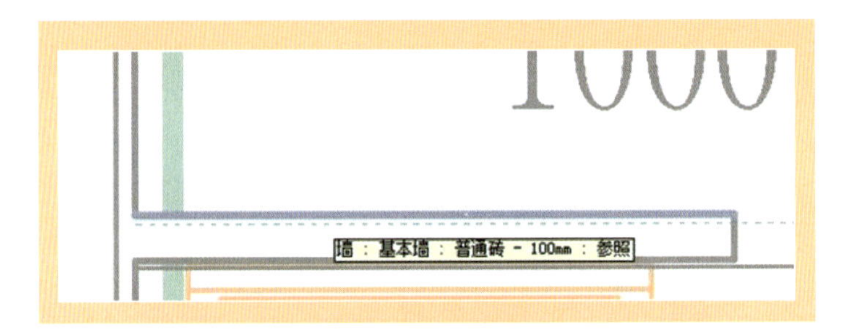

图 4-13　楼板轮廓线

步骤3 单击“√”完成绘制命令，创建一层单间楼板如图4-14所示。注意：卫生间（瓷砖）下沉10 mm，房间（水磨石）不下沉，如图4-15所示。

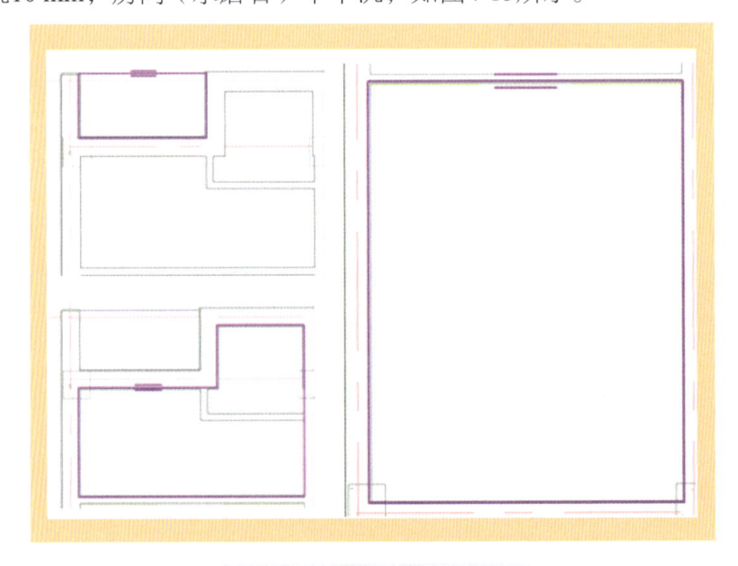

图 4-14　创建一层单间楼板

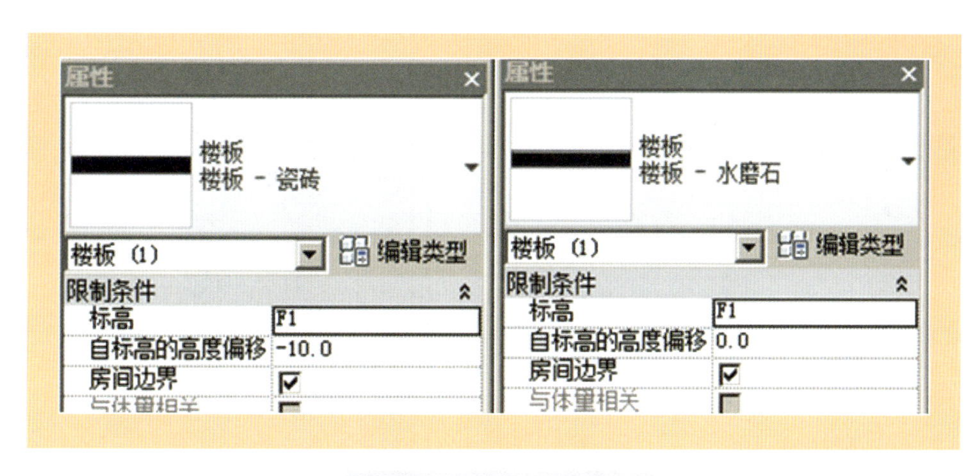

图 4-15　卫生间下沉 10 mm

步骤4　将内墙、楼板形成组。

（1）单击“修改”→“创建组”命令，如图4-16所示。

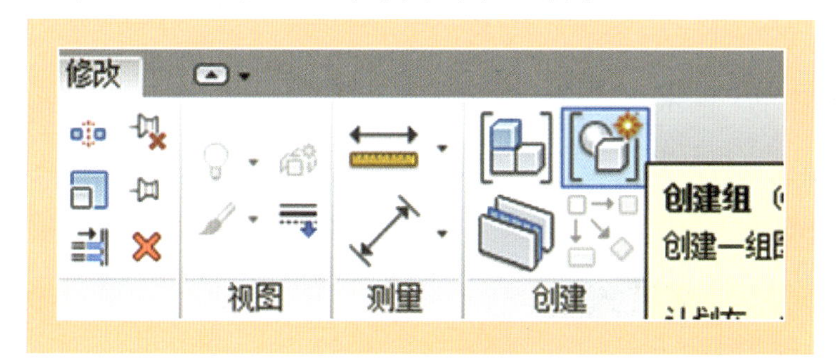

图 4-16　创建组

（2）在弹出的“创建组”对话框中，输入名称“单间”，如图4-17所示。

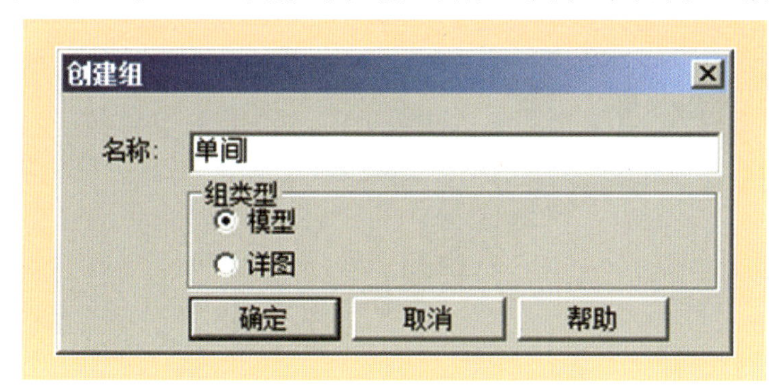

图 4-17　创建组名称

（3）在弹出的对话框中，单击“添加”按钮，将内墙、楼板加入后单击“√”，如图4-18所示。注意：若不能选中楼板，单击“修改”→“选择”→“按面选择图元”命令。

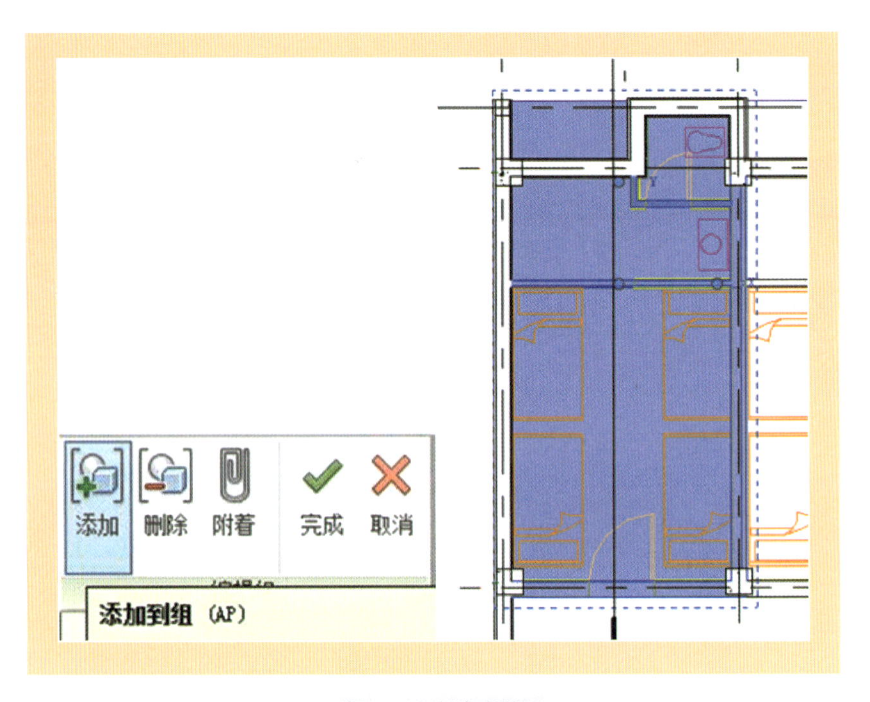

图 4-18　添加到组

步骤5　利用“镜像”与“阵列”工具，复制组到整个楼层，如图4-19所示。

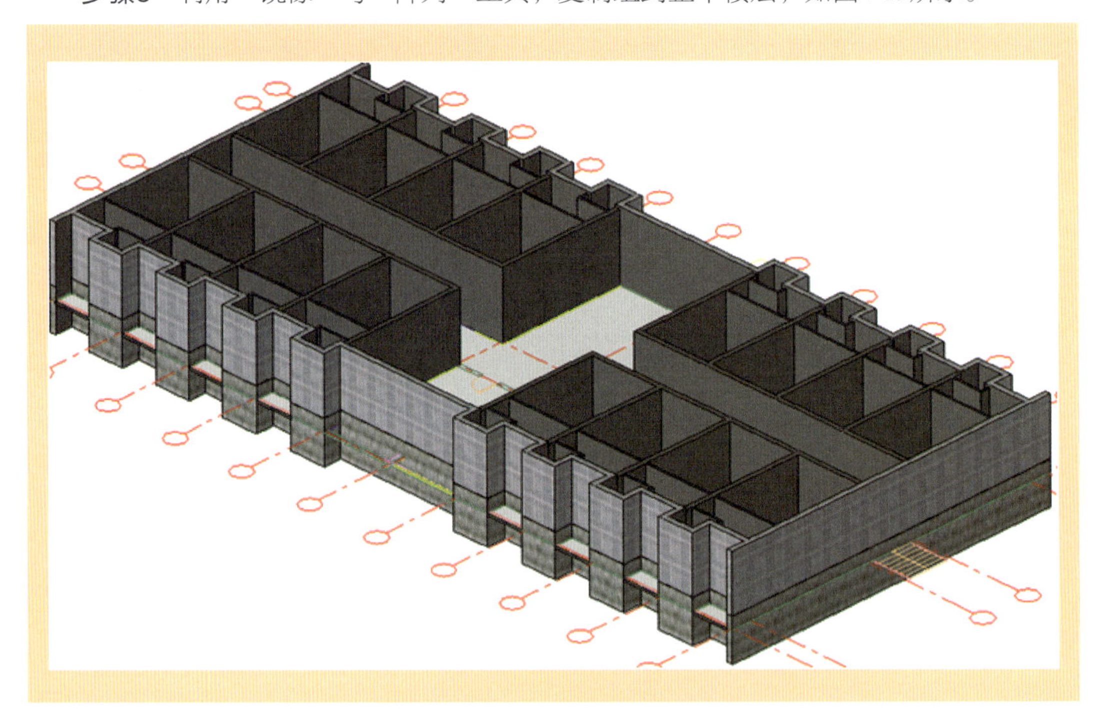

图 4-19　复制组到整个楼层

步骤6　参考前面步骤创建一层公共区楼板，如图4-20所示。

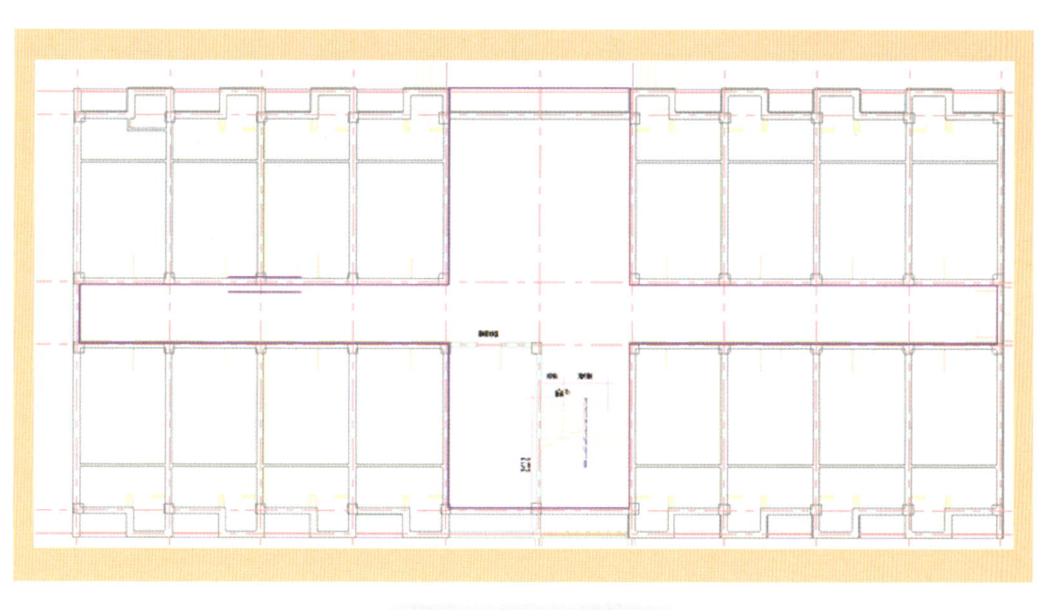

图 4-20　一层公共区楼板

任务四　绘制其他层

步骤1　绘制基础层挡土墙。

（1）将项目浏览器切换到基础楼面视图，单击“建筑”→“墙”命令，在属性中选择“基本墙：挡土墙”类型，在选项栏中单击“直线”绘制命令，“定位线”选择“墙中心线”。

（2）设置“底部限制条件”为“基础”，“顶部约束”为“直到标高：室外地面”，如图4-21所示。

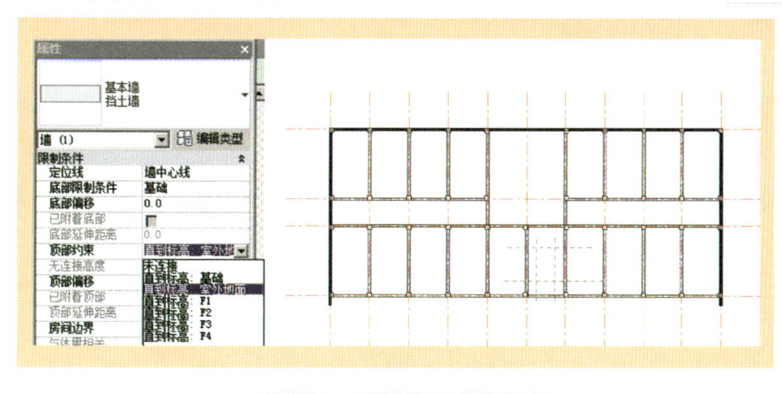

图 4-21　绘制基础层挡土墙

步骤2　绘制F2～F3层外墙。

（1）利用过滤器选中叠层墙，如图4-22所示。

（2）在属性中将“顶部约束”改为“直到标高：F4”，则完成墙体绘制，如图4-23所示。

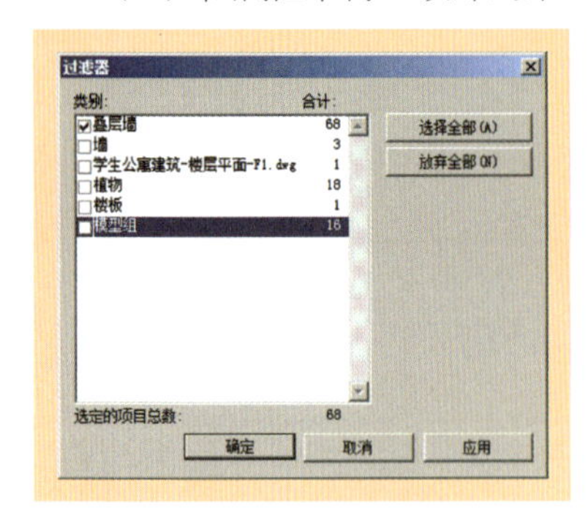

图 4-22　选中叠层墙

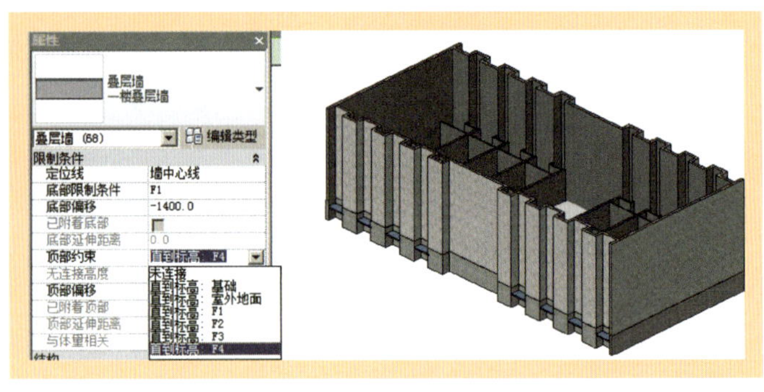

图 4-23　完成墙体绘制

步骤3　绘制F2～F3层内墙。

（1）切换到立面视图，利用过滤器选中楼板与模型组，如图4-24所示。所有内墙将全部高亮显示，单击“确定”按钮，一层内墙与楼板将全部选中，构件蓝亮显示。单击菜单栏“修改”→“剪贴板”→“复制到剪贴板”命令，内墙模型组与楼板被复制。

图 4-24　过滤器

（2）单击“修改|选择多个”→剪贴板→“粘贴”→“与选定的标高对齐”命令，如图4-25所示。打开“选择标高”对话框，同时按住Shift键选择F2、F3，单击“确定”按钮。一层平面的内墙都被复制到F2、F3平面，如图4-26所示。

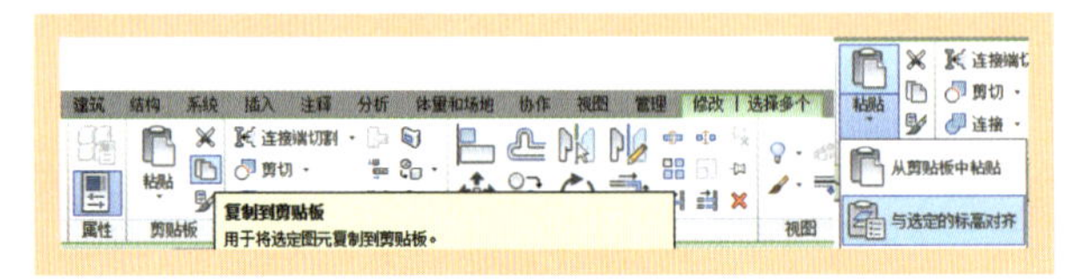

图 4-25　粘贴

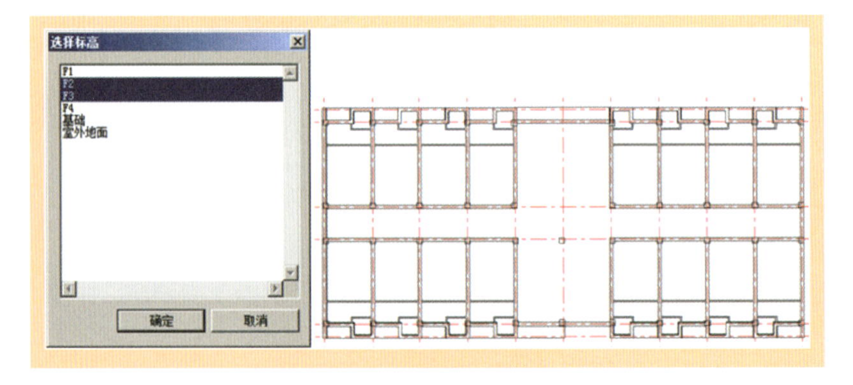

图 4-26　复制到 F2、F3 平面

（3）打开F2、F3视图，修改楼板，如图4-27所示。

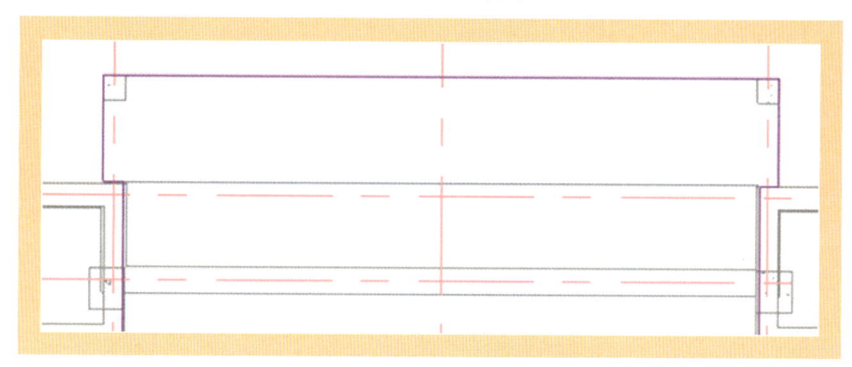

图4-27 打开F2、F3修改楼板

（4）打开F4视图，绘制覆盖楼面的楼板，如图4-28所示。

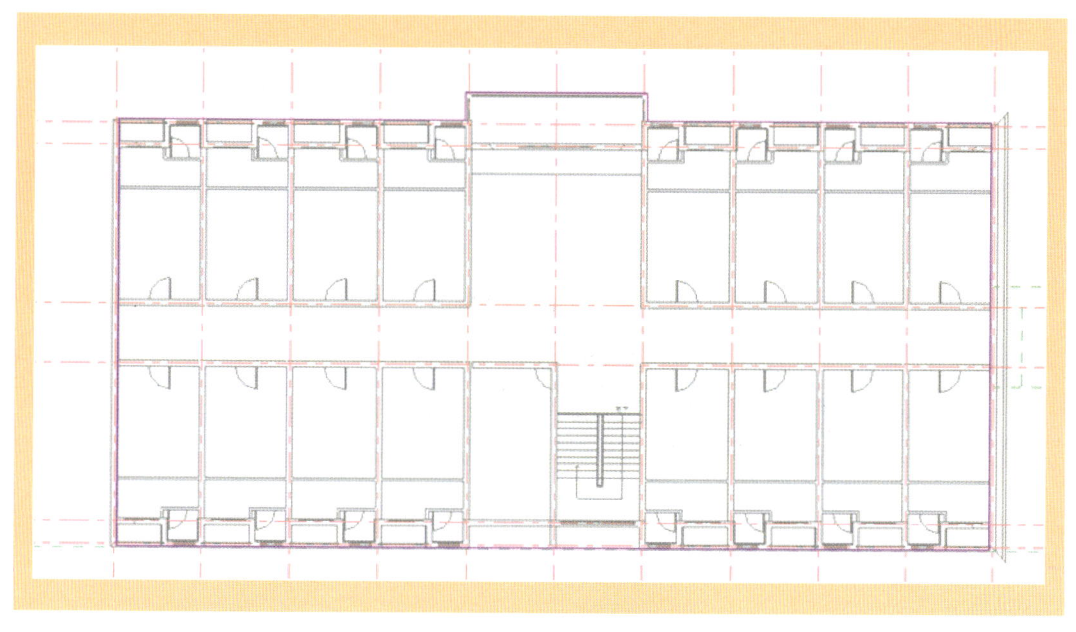

图4-28 打开F4绘制楼板

任务五 叠层墙装饰线的创建

步骤1 单击“插入”→“载入族”→“轮廓”→“常规轮廓”→“装饰线条”→“腰线”，在菜单中选择“腰线70×35”，单击“打开”按钮，如图4-29所示。

步骤2 进入三维视图，单击“建筑”→“墙”→“墙：建筑”命令，在下拉列表中选择“墙饰条”，单击“编辑类型”，打开“类型属性”对话框，新建墙饰条类型为“墙饰条1”，设置其轮廓为“腰线70×35”，材质为“白色涂料”，单击“确定”按钮完成设置，如图4-30所示。

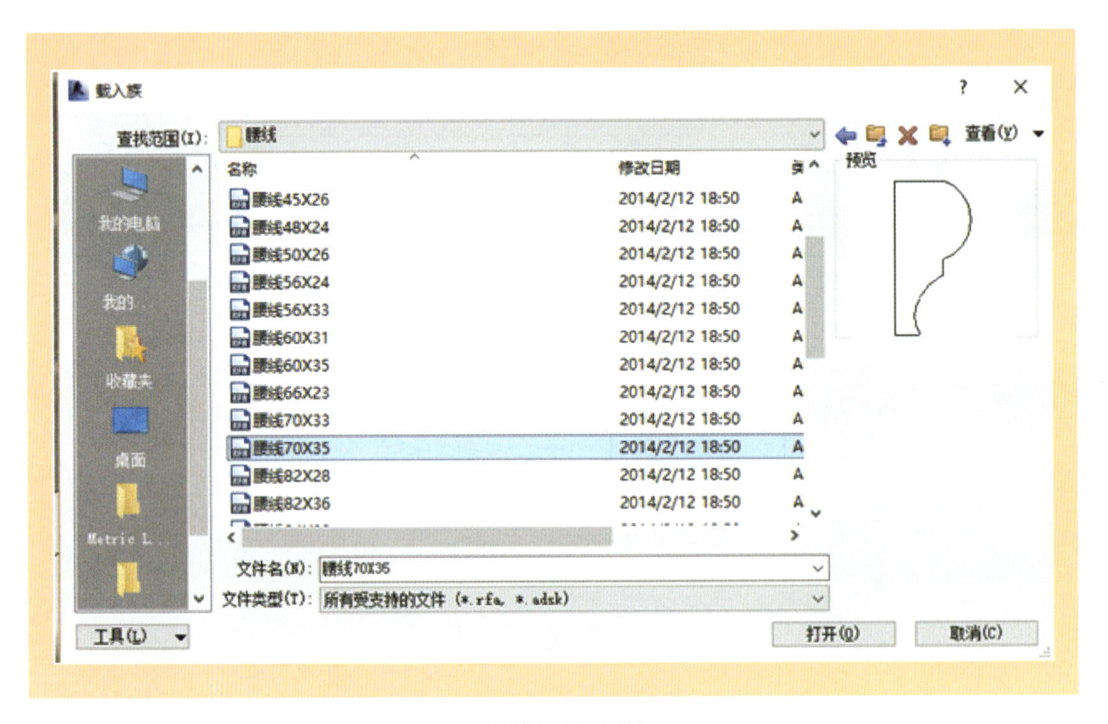

图 4-29 载入族

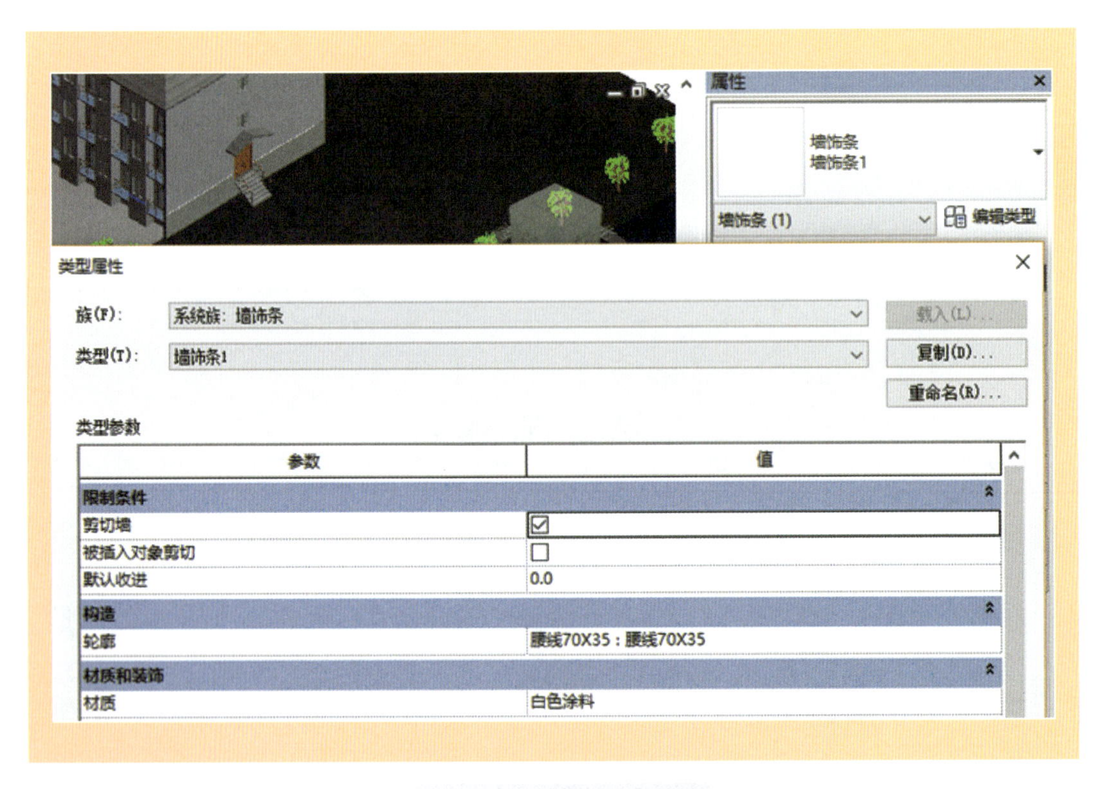

图 4-30 叠层墙墙饰条设置

步骤3 依次选择叠层墙交接缝处，在墙上移动线条，看见浅蓝色线时单击，完成墙饰条绘制，如图4-31所示。

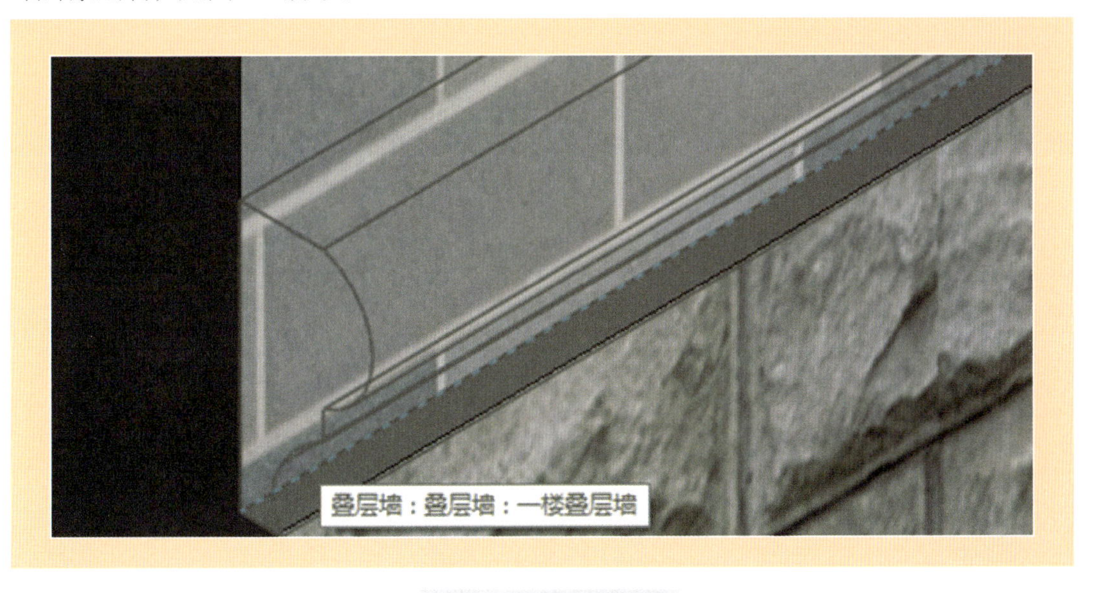

图 4-31 叠层墙墙饰条

步骤4 如果需要美化线条端头，在三维视图中，选择外墙的墙饰条，单击“修改丨墙饰条”→“墙饰条”→“修改转角”命令，单击墙饰条端部截面，墙饰条端部自动转折90°，如图4-32所示。

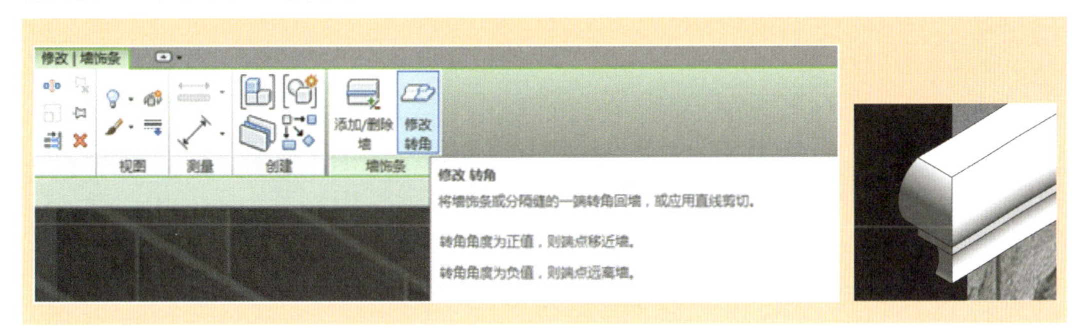

图 4-32 修改转角

4.4 1+X 拓展练习

（1）请用体量面墙建立图4-33所示200厚斜墙，并按图中尺寸在墙上开圆形洞口。计算开洞后墙体的体积和面积。

（2）根据图4-34所给的尺寸及详图大样新建楼板。顶部所在标高为±0.000，楼板构造层保持不变，水泥砂浆进行放坡，并创建洞口。

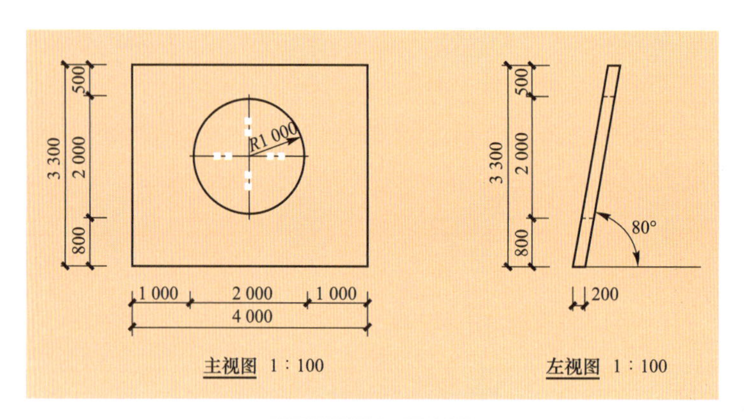

图 4-33 斜墙视图

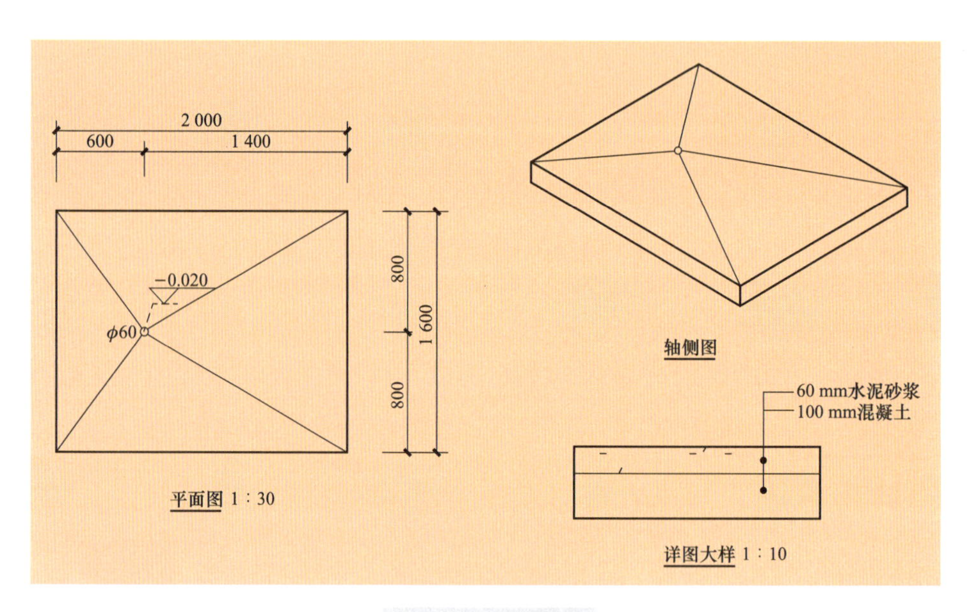

图 4-34 楼板图示

项目五 门窗与幕墙

5.1 项目说明

（1）门窗与幕墙均可嵌入墙体，放置的方式类似，幕墙需在类型中勾选“嵌入”。

（2）门窗的族类型不够，可以通过载入族，导入需要的门窗，也可以自己建立需要的门窗族。

（3）幕墙是由幕墙网格、竖梃和幕墙嵌板组成。水平与垂直竖梃间距规则时，可直接在幕墙类型属性设置这三个方面；间距不规则时，先分网格，再选竖梃；如果竖梃轮廓独特，则需新建轮廓族载入。

5.2 项目分析

（1）门：Revit Architecture中自带的门有卷帘门、普通门、装饰门以及一些门构件，如果门的样式、材质不满足要求，可以对族进行编辑。

（2）窗：Revit Architecture中自带的窗有普通窗、装饰窗、窗台披水以及窗样板，如果窗的样式、材质不满足要求，可以对族进行编辑，也可以利用窗样板新建窗。

（3）根据幕墙的复杂程度划分，可分为常规幕墙和面幕墙。常规幕墙不嵌入墙体时，其绘制方法和常规墙体相同，并具有常规墙体的各种属性，可以像编辑常规墙体一样用“附着”“编辑立面轮廓”等命令编辑常规幕墙。面幕墙一般是曲面或其他不规则形态幕墙，一般先建立体量，再赋予体量表面幕墙。

5.3 项目实施

任务一　放置门与窗

放置门与窗

步骤1　打开“F1”视图，单击“建筑”→“门”命令，在属性选项中选择“装饰木门-M0921”类型，在选项栏中选择“在放置时进行标记”命令，以便对门进行自动标记，要引入标记引线，应选择“引线”并制定长度，如图5-1所示。

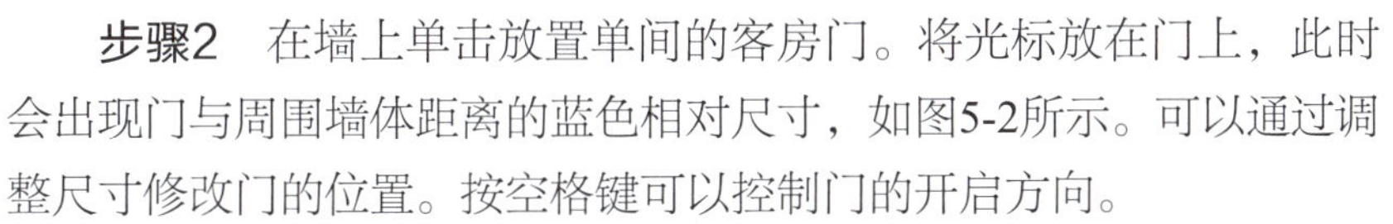

步骤2　在墙上单击放置单间的客房门。将光标放在门上，此时会出现门与周围墙体距离的蓝色相对尺寸，如图5-2所示。可以通过调整尺寸修改门的位置。按空格键可以控制门的开启方向。

步骤3　单击“建筑”→“门”命令，在属性选项中选择“装饰木门-M0821”类型，在选项栏中选择“在放置时进行标记”，在墙上单击放置卫生间门，如图5-3所示。

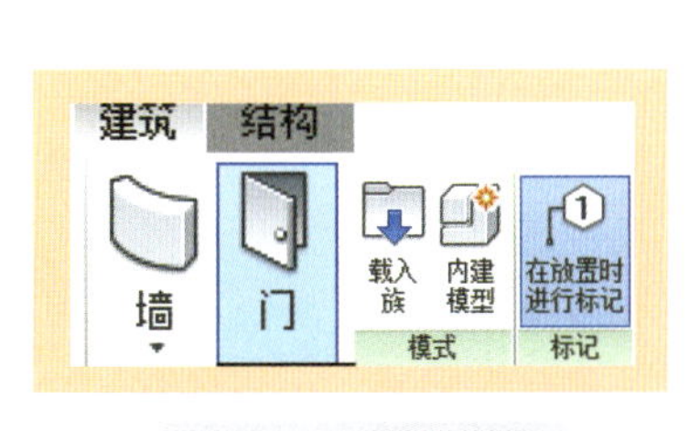

图 5-1　门属性设置

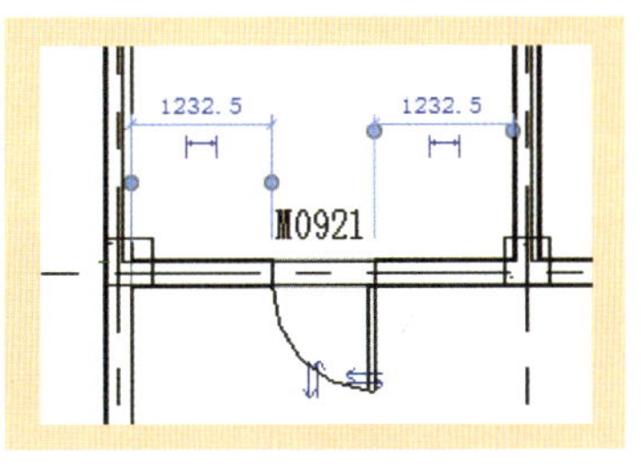

图 5-2　门属性修改

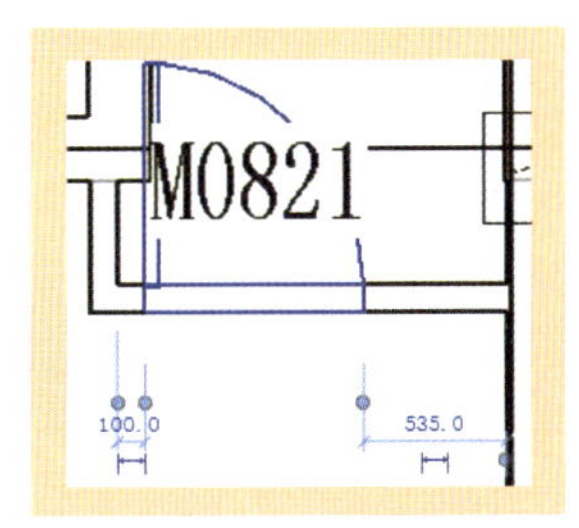

图 5-3　卫生间门

步骤4 同理，单击“建筑”→“门”命令，在属性选项中选择“塑钢推拉门”类型，在选项栏中选择“在放置时进行标记”，在墙上单击放置阳台门。在属性选项中选择“门洞”类型，在选项栏中选择“在放置时进行标记”，在墙上单击放置1 000 mm×2 000 mm门洞。

步骤5 单击“建筑”→“窗”命令，在属性选项中选择“C0915”，在墙上单击将窗放置在合适位置，如图5-4所示。

步骤6 放置底层大门，如图5-5所示。

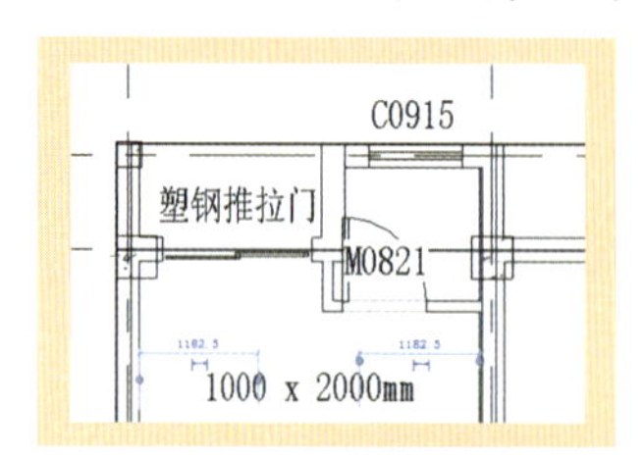

图 5-4 放置窗

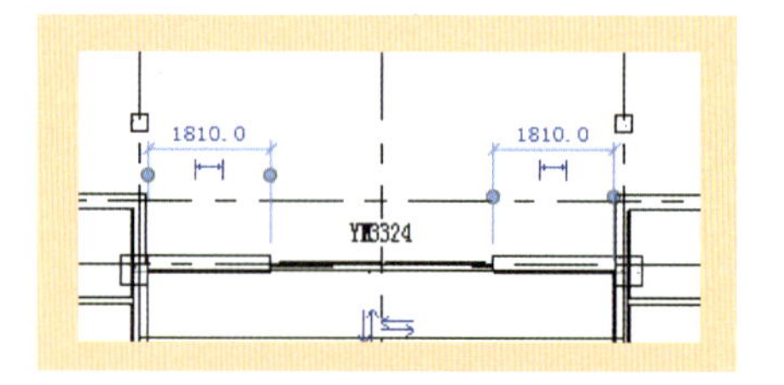

图 5-5 放置底层大门

步骤7 设备间放置百叶窗。单击“建筑”→“窗”命令，选择“C0915”，单击“编辑类型”，在“类型属性”对话框中，单击“族”后面的“载入”命令，在弹出的“打开”对话框中选择“建筑”→“窗”→“普通窗”→“百叶窗”→“百叶窗4-角度可变”，如图5-6至图5-9所示，在墙上单击将窗放置在合适位置。

图 5-6 类型属性

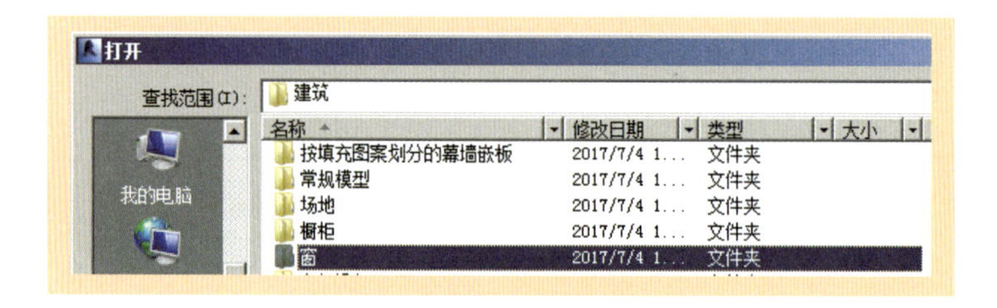

图 5-7 打开窗

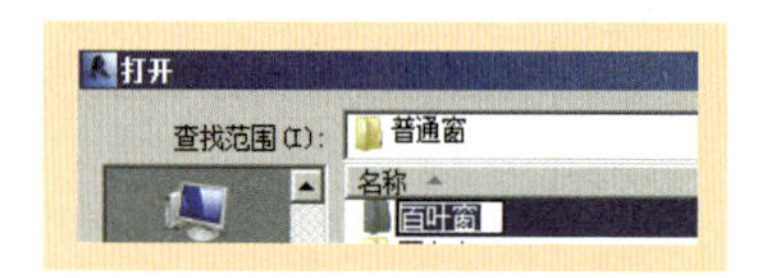

图 5-8 选择百叶窗

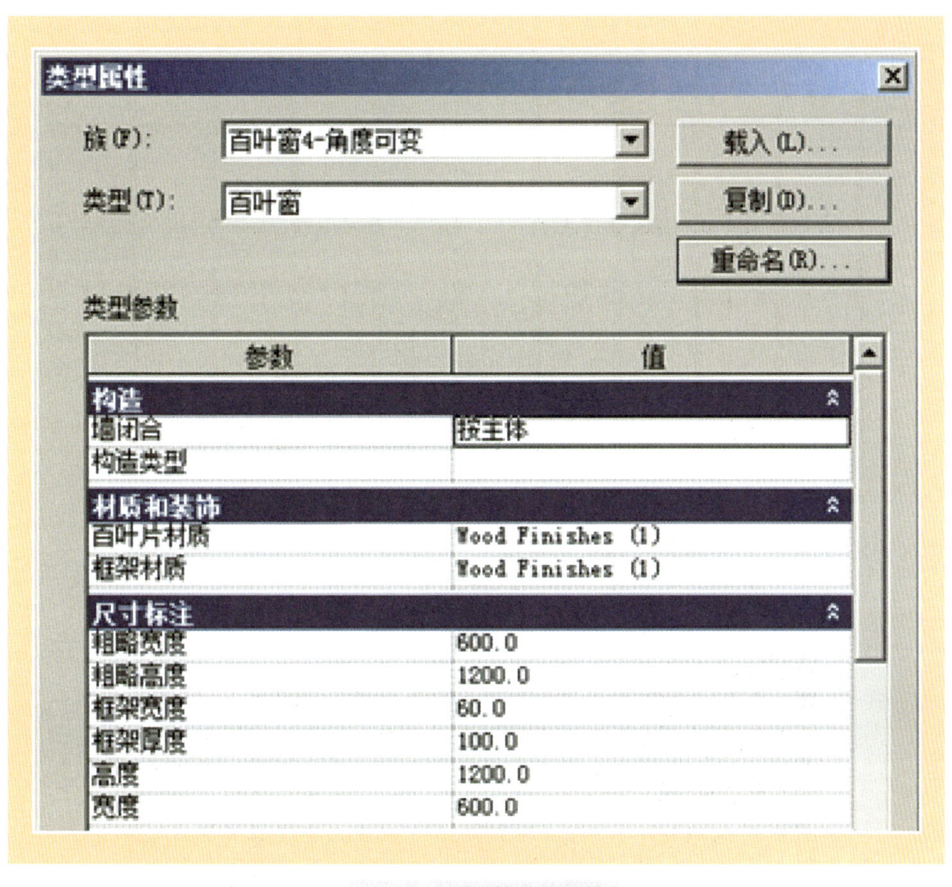

图 5-9　材质与装饰属性

步骤8　通过复制等方法完成其他楼层的公共门窗。

任务二　将门窗加入组

将门窗加入组

步骤1　单击任意组中的墙或楼板，界面出现“修改 | 模型组”。

步骤2　选中门与窗，加入组。

（1）单击“编辑组”→“添加”命令，如图5-10、图5-11所示，出现带加号的箭头，选择单间门与窗，加入组。

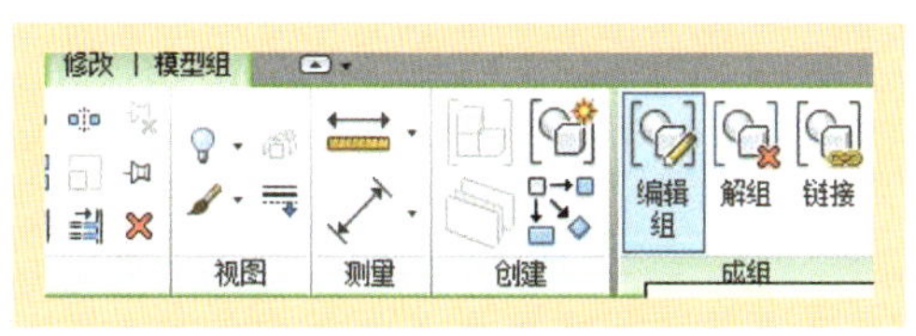

图 5-10　修改 / 模型组

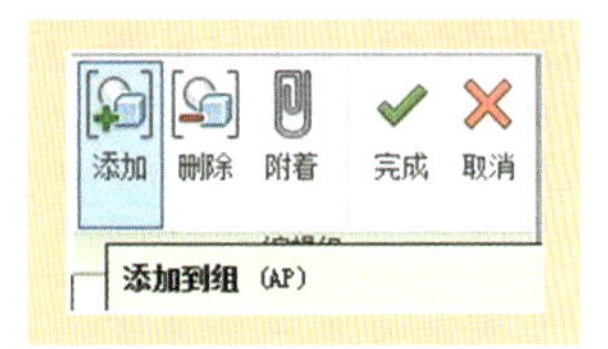

图 5-11　添加组

（2）单击“√”，完成整个宿舍楼单间的门窗。完成后的楼面门窗如图5-12所示。

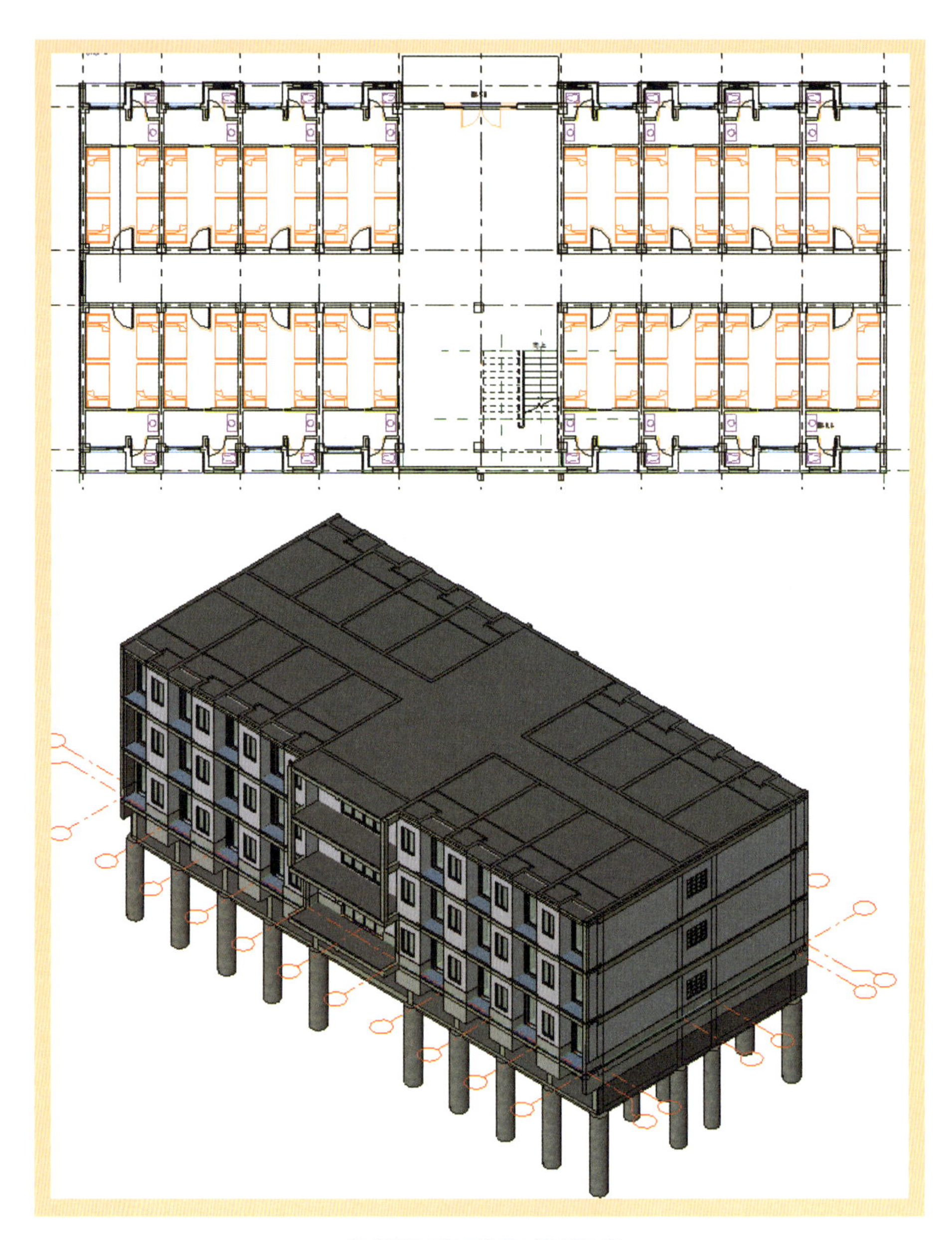

图 5-12　完成的门窗效果

任务三　玻璃幕墙

玻璃幕墙

步骤1　在项目浏览器中双击“楼层平面”→“F1”，单击“建筑”→“墙”命令，在属性选项栏中选择“幕墙”类型，在“属性”面板中，设置“底部限制条件”为“F1”，“底部偏移”为“400”，“顶部约束”为“直到标高：F3”，“顶部偏移”为“2 800”，如图5-13所示。

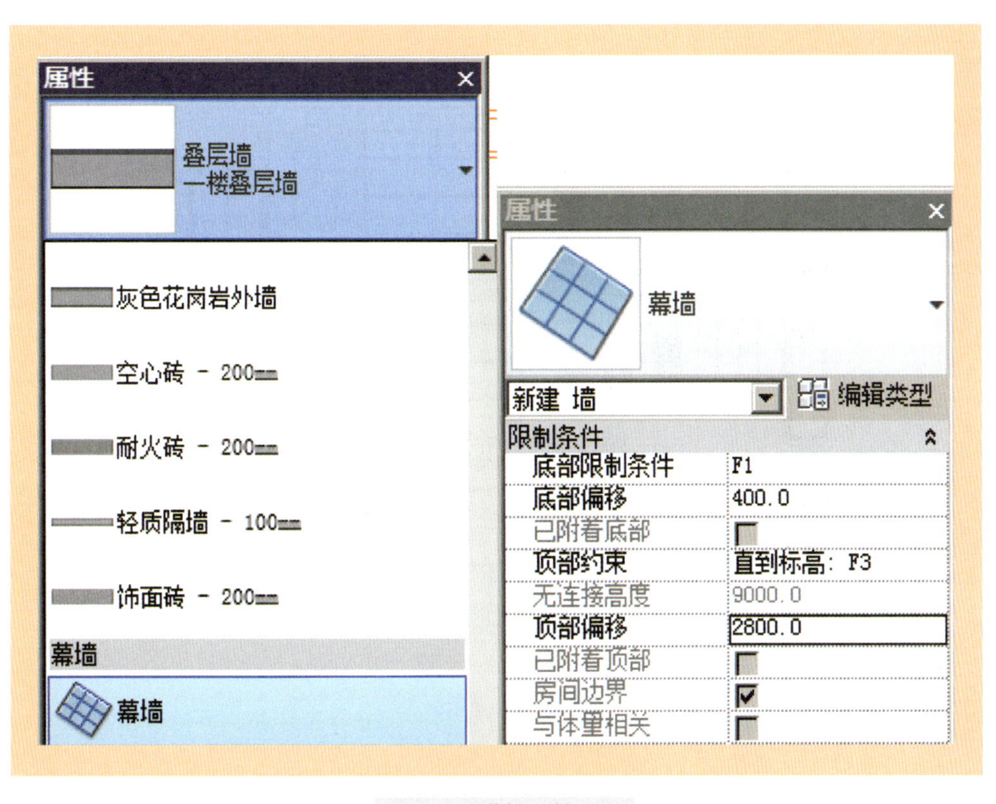

图 5-13　幕墙属性设置

步骤2　创建新的幕墙类型，输入新的名称“幕墙－9000”，如图5-14所示。幕墙分割线设置如图5-15所示，设置完参数后，单击“确定”按钮关闭对话框。

图 5-14　幕墙命名

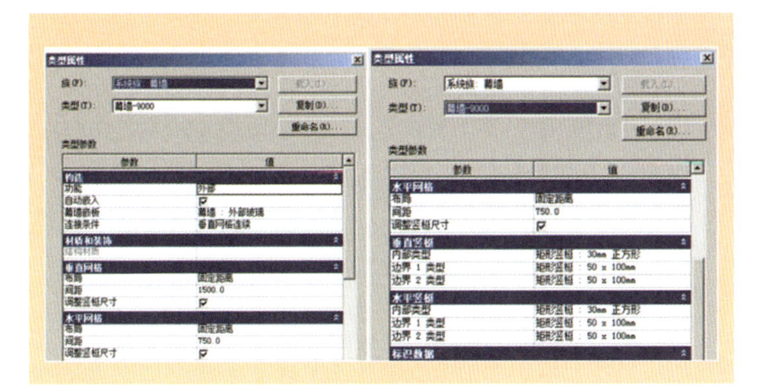

图 5-15　幕墙属性设置

步骤3　按照绘制墙的方法在下方（南）外墙与⑥轴和⑦轴交点处的墙上单击两点绘制幕墙，墙宽为3 000 mm，位置如图5-16所示。完成后的幕墙如图5-17所示。

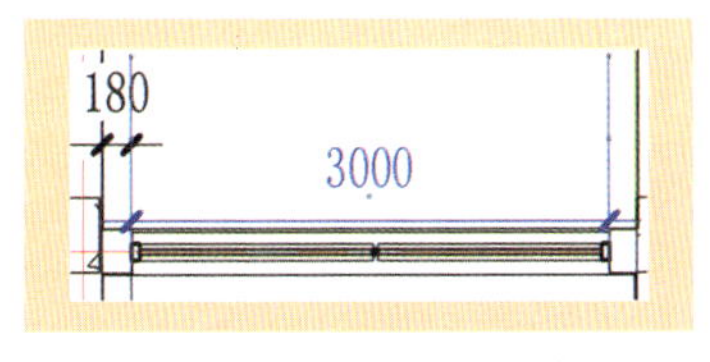

图 5-16　幕墙位置

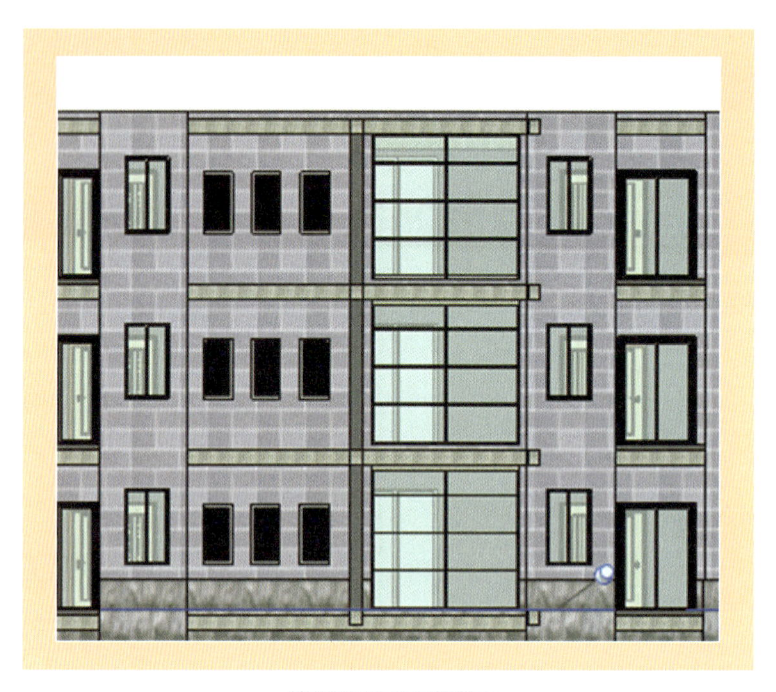

图 5-17　幕墙效果

5.4　项目拓展

5.4.1　窗编辑－定义窗台高

如果出现窗台底高度值不一致的情况，调整方法如下：

（1）选择窗，在“属性”面板修改底高度值。

（2）切换至立面视图，选择窗，移动临时尺寸界线，修改临时尺寸标注值。

1）进入项目浏览器，单击“立面（建筑立面）”，双击某立面进入立面视图。

2）在立面视图中选择窗，修改临时尺寸标注值后按Enter键确认修改。

5.4.2　把阳台栏杆加入组

步骤1　在F1的单间绘制一个阳台栏杆，如图5-18所示。

步骤2　选中栏杆，加入组。

（1）单击“编辑组”→“添加”命令，出现带加号的箭头后，选择单间栏杆，加入组，如图5-19所示。

（2）单击“√”，完成整个宿舍楼单间的栏杆。完成后的楼面栏杆效果如图5-20所示。

将栏杆加入组

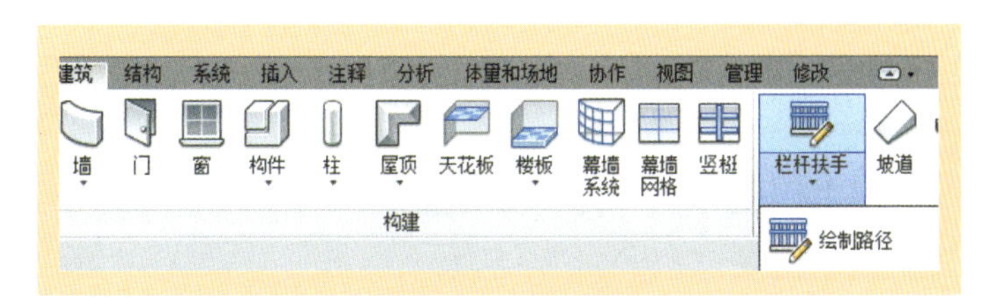

图 5-18　绘制栏杆

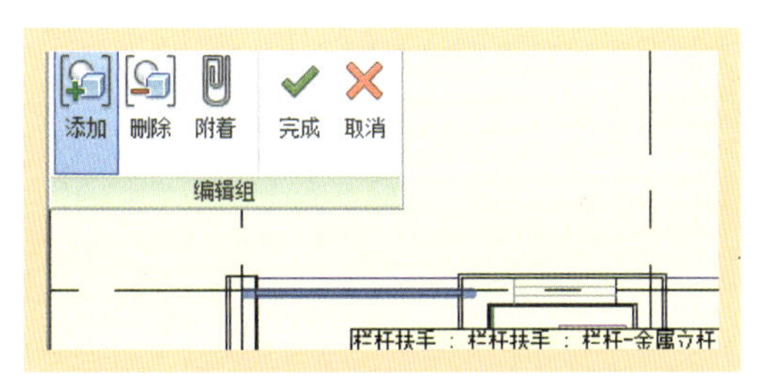

图 5-19　将栏杆加入组

图 5-20　栏杆效果图

5.5　1+X 拓展练习

按照图5-21所示尺寸外观建立幕墙模型。幕墙竖梃采用50 mm × 50 mm矩形， 材质为不锈钢，幕墙嵌板材质为玻璃，厚度20 mm，按照要求添加幕墙门与幕墙窗，造型类似即可。

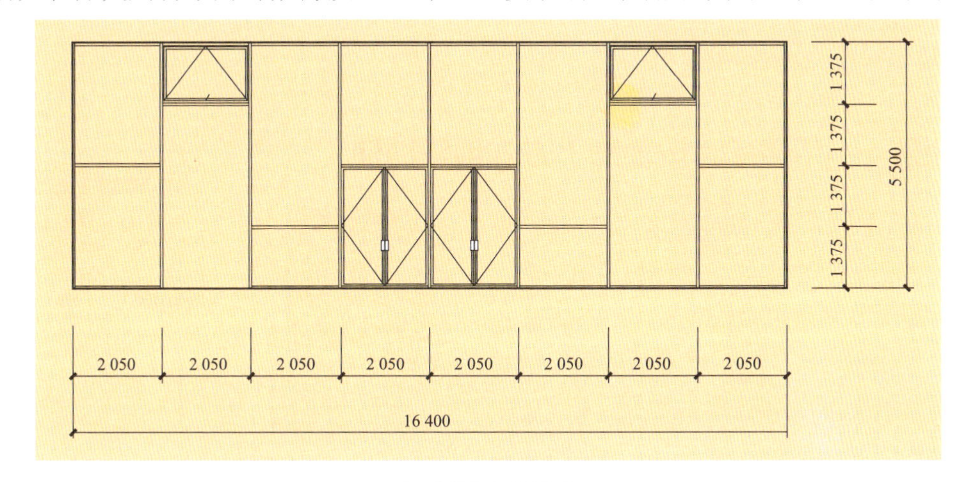

图 5-21　幕墙尺寸

项目六 楼梯和台阶坡道

6.1 项目说明

楼梯的建立有以下两种方法：

（1）按构件：梯段、平台建模完成后，可以局部进行镜像、复制等编辑。

（2）按草图：梯段、平台建模完成后，不可以局部进行镜像、复制等编辑。

用“楼板边缘”命令创建台阶，一般先创建台阶轮廓，再载入楼板边缘。

6.2 项目分析

楼梯一般由楼梯段、楼梯平台、栏杆（或栏板）和扶手组成。楼梯所处的空间称为楼梯间。

按楼梯的平面形式不同，可分为单跑楼梯、交叉式楼梯、双跑楼梯、双跑直楼梯、双分双合式平行楼梯、剪刀式楼梯、转折式三跑楼梯、螺旋楼梯、弧形楼梯。按草图方式仅在创建单跑楼梯时有优势，但按构件方式可以创建几乎所有类型的楼梯。所以2019Revit界面中不推荐使用按草图方式创建楼梯。

Revit Architecture中没有专用的“台阶”命令，可以采用“内建模型”“构件族”“楼板边缘”“楼梯”等命令创建台阶。

6.3 项目实施

任务一 用楼梯（按草图）方式创建楼梯

步骤1 打开F1平面视图，关闭“选择”→“按面选择图元”，以免选择困难。

步骤2 单击“建筑”→“楼梯坡道”→“楼梯”→“楼梯（按草图）”命令，进入按草图绘制楼梯模式，如图6-1所示。

用楼梯（按草图）方式创建楼梯

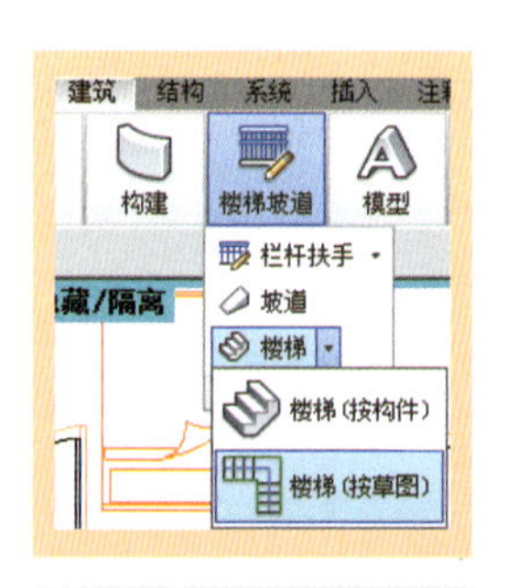

图 6-1 草图绘制楼梯

步骤3 单击“工作平面”→“参照平面”命令，在一层楼梯间绘制三条参照平面，并用临时尺寸精确定位参照平面与墙边线的距离为825 mm，即楼梯宽度的一半（加上墙厚即945 mm），如图6-2所示。

步骤4 在“属性”对话框中选择楼梯类型为“整体式楼梯”，设置楼梯的“底部标高”为“F1”，“顶部标高”为“F2”，梯段“宽度”为“1 650 mm”，“所需踢面数”为“19”，“实际踏板深度”为“280 mm”，如图6-3所示。

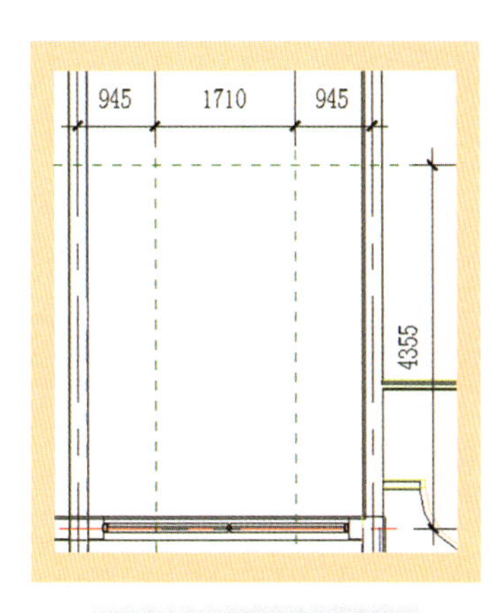

图 6-2 楼梯参照平面

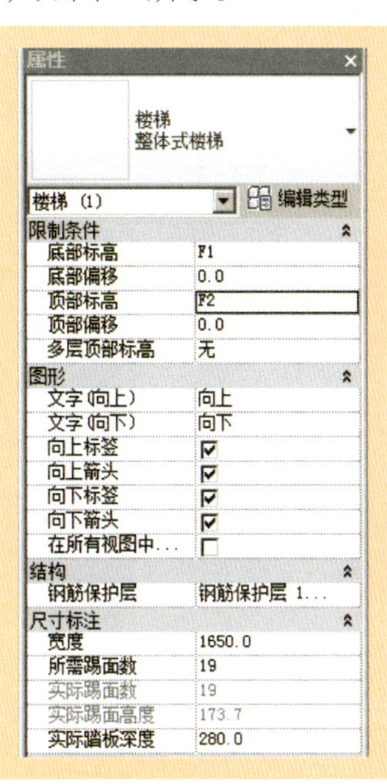

图 6-3 楼梯属性

步骤5 在“属性”对话框中单击“编辑类型”按钮，打开“类型属性”对话框，按图6-4设置完成后，单击“确定”按钮，关闭所有对话框。

图 6-4 楼梯类型参数设置

步骤6 单击“梯段”命令，默认选项栏选择“直线”绘图模式，从左边交点向下移动光标至出现“创建了10个踢面，剩余10个”时，将鼠标右移，两条参照平面亮显，同时系统提示“交点”时，单击捕捉该交点作为第二跑起跑位置，如图6-5所示。

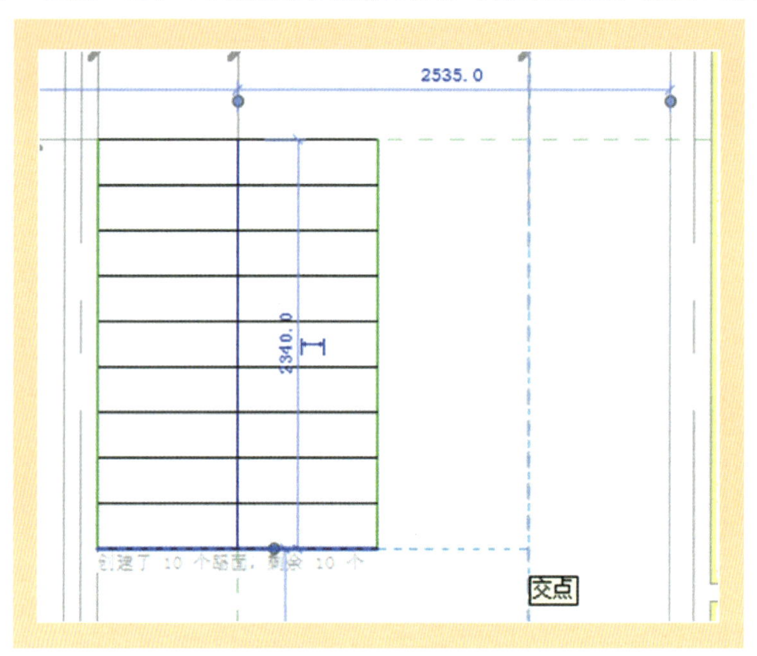

图 6-5 完成楼梯

步骤7 向上垂直移动光标至右上角参照平面交点位置，同时，在起跑点下方出现灰色显示的“创建了20个踢面，剩余0个”的提示字样和蓝色的临时尺寸，表示楼梯创建完成，将自动绘制踢面和边界草图，单击“√”完成，如图6-6所示。

步骤8 完成楼梯效果如图6-7所示。

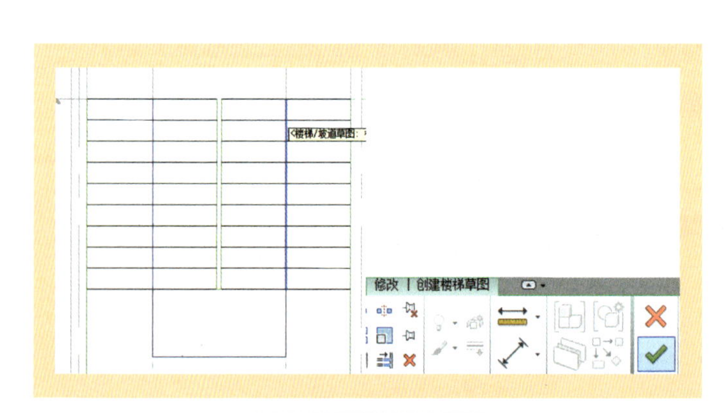

图 6-6 完成楼梯绘制

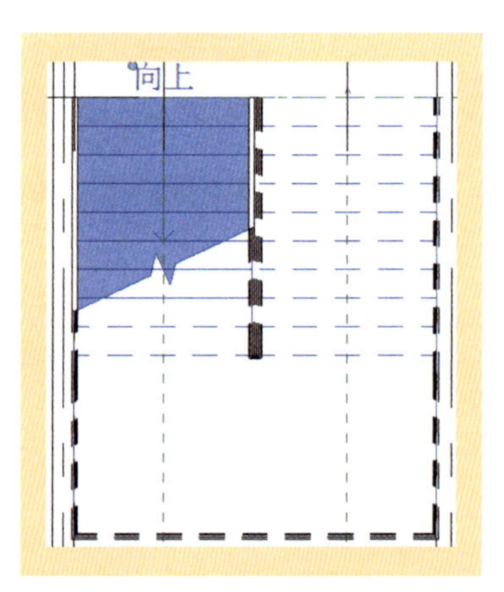

图 6-7 完成楼梯效果图

步骤9　编辑楼梯。

（1）选中靠墙的栏杆，单击鼠标右键进行删除，如图6-8所示。

（2）编辑内栏杆草图，将内栏杆在平台上拉升后，利用“拆分图元”命令在合适的地方打断栏杆，以形成更好的连接，如图6-9所示。

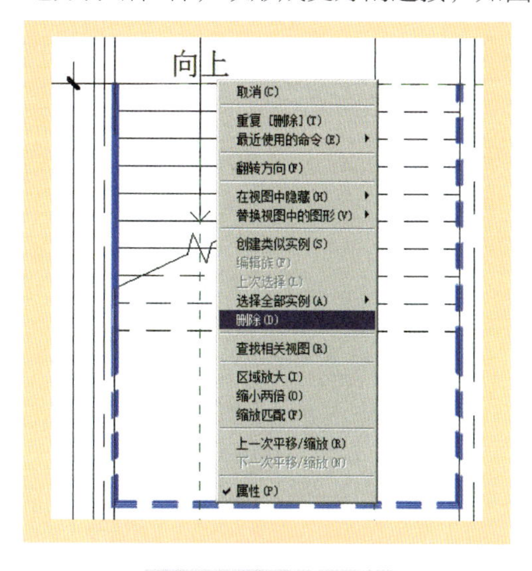

图 6-8　删除靠墙栏杆

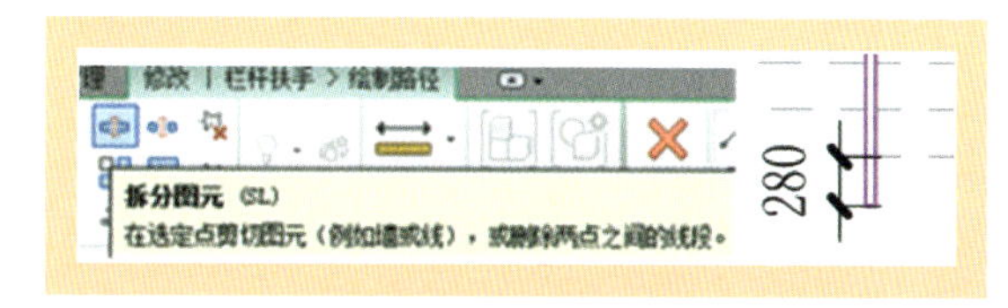

图 6-9　编辑栏杆

（3）在平面图上按图6-10所示位置绘制剖面，单击剖面，鼠标右键选择“转到视图”可观察完成的楼梯。

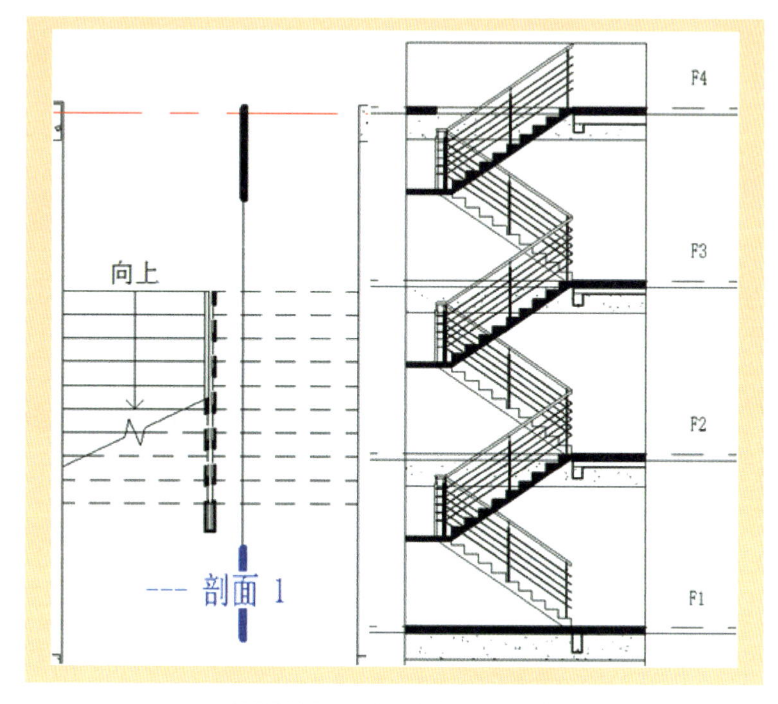

图 6-10　通过剖面视图观察楼梯

（4）编辑楼梯平台草图，平台下边线与墙体“核心层表面”对齐，单击“√”完成编辑，如图6-11所示。

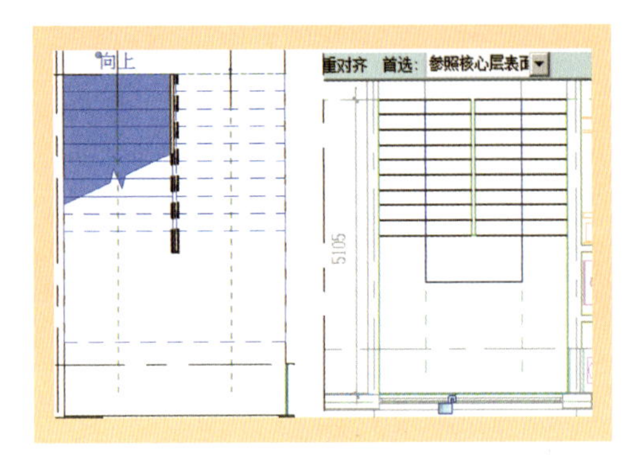

图 6-11　对齐前后的平台

步骤10　选择一层的楼梯，单击“建筑”→“剪贴板”→“复制”→“粘贴”→“与选定的标高对齐”命令，在“选择标高”对话框中选择“F2、F3”，如图6-12所示，单击“确定”按钮后即可自动创建其余楼层的楼梯和扶手。楼梯三维效果如图6-13所示。

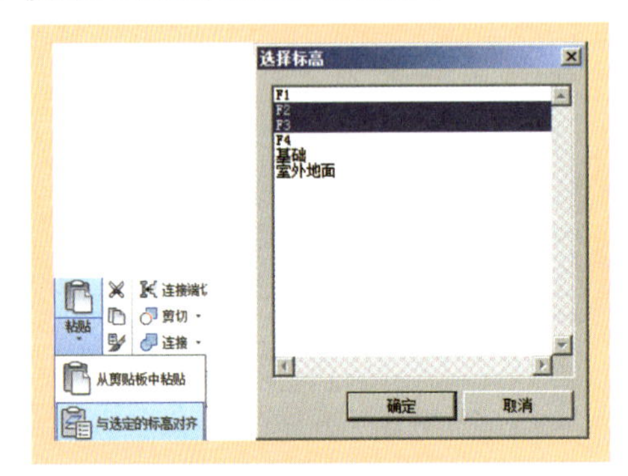

图 6-12　多层楼梯

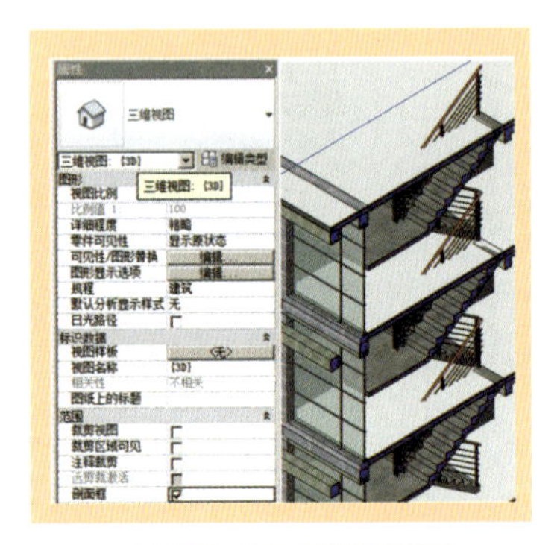

图 6-13　楼梯三维效果

步骤11　设置楼梯竖井洞口，如图6-14所示。楼梯创建完成后需在楼板上开孔。

（1）在项目浏览器中双击“楼层平面”选项下的“F1”，打开一层平面视图。单击“建筑”→“洞口”→“竖井洞口”命令，在“属性”选项中设置“底部偏移”为“100”，“无连接高度”为9 300，如图6-15所示。沿楼梯边缘绘制轮廓，单击“√”确定后即可自动创建洞口。

（2）在项目浏览器中双击“楼层平面”选项下的“F4”，打开四层平面视图。

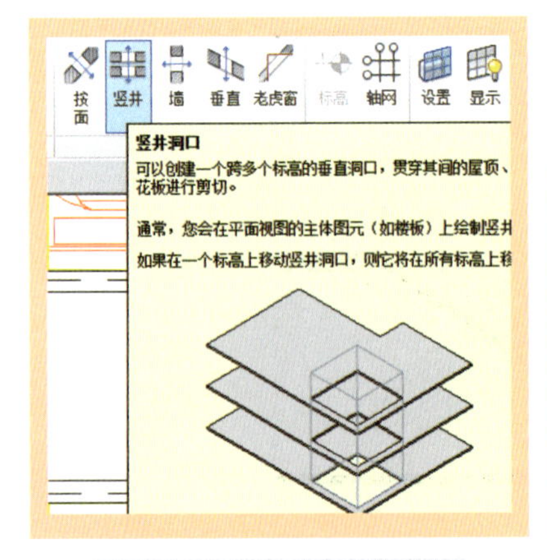

图 6-14　设置楼梯竖井洞口

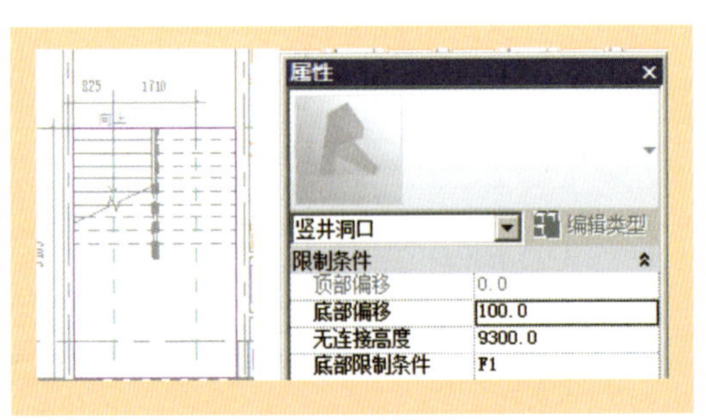

图 6-15　竖井洞口属性设置

单击“建筑”→“洞口”→“竖井洞口”命令，在“属性”选项中设置“底部偏移”为－200，“无连接高度”为300，如图6-16所示。竖井洞口效果如图6-17所示。

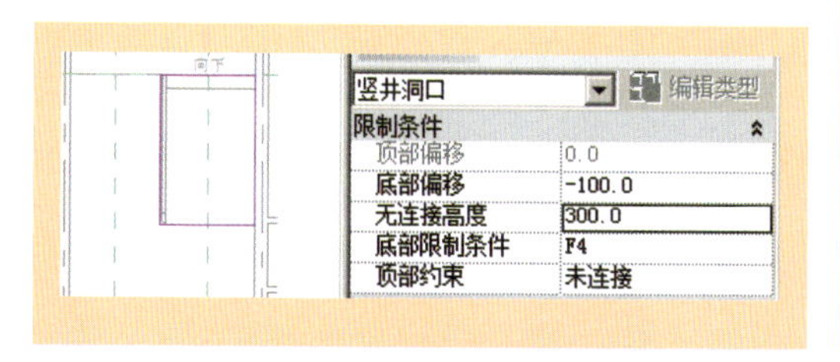

图 6-16　竖井洞口属性设置

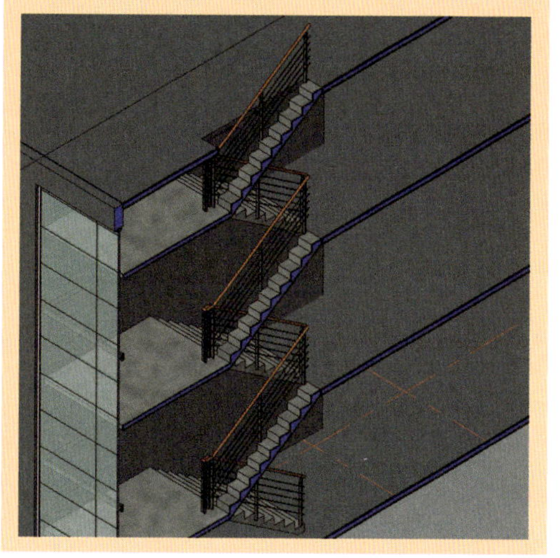

图 6-17　竖井洞口效果图

任务二　用楼梯（按构件）方式绘制楼梯

步骤1　在项目浏览器中双击“楼层平面”选项下的“F1”，打开一层平面视图。单击“建筑”→“楼梯坡道”→“楼梯”→“楼梯（按构件）”命令，进入绘制模式，如图6-18所示。

用楼梯（按构件）方式绘制楼梯

步骤2　在楼梯“属性”面板下拉列表中选择楼梯类型为“室外楼梯”，设置楼梯的“底部标高”为“F1”，“底部偏移”为“－1 400”，“顶部标高”为“F1”，“最小梯段宽度”为“2 000”，“最小踏板深度”为“280”，如图6-19所示。

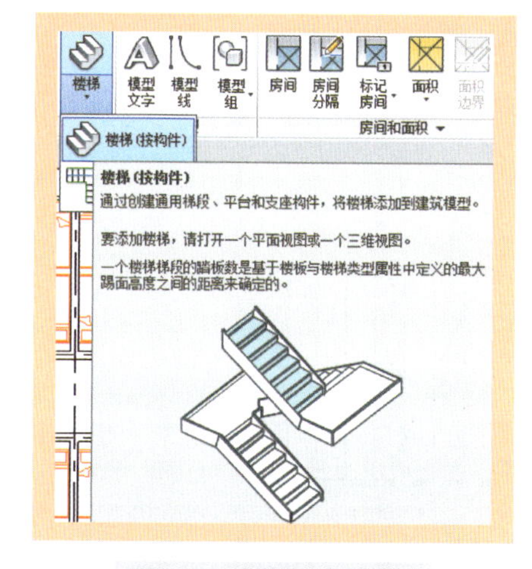

图 6-18　楼梯（按构件）

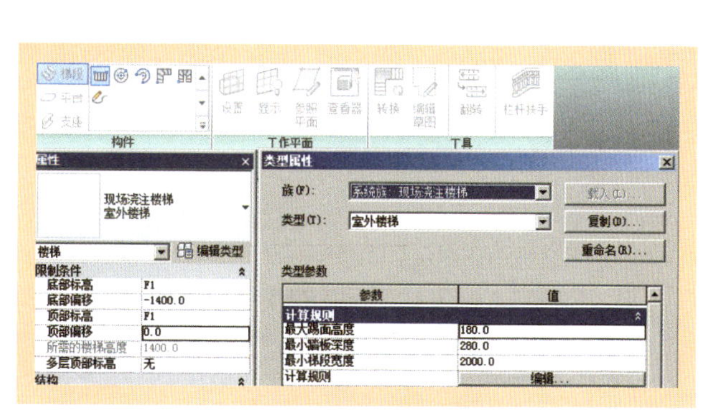

图 6-19　设置楼梯属性

步骤3 单击“工具”→“栏杆扶手”命令，选择栏杆扶手位置，如图6-20所示。选择“直线”绘图模式，在侧门门口单击门中点作为起点，垂直向右移动光标，直到显示“创建了8个踢面，剩余0个”时，如图6-21所示。单击鼠标左键捕捉该点作为终点，创建草图。单击“√”确定后即可自动创建，如图6-22所示。

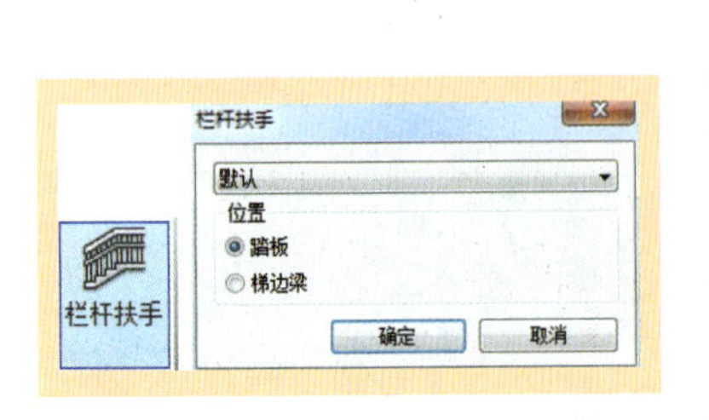

图 6-20 选择栏杆扶手位置

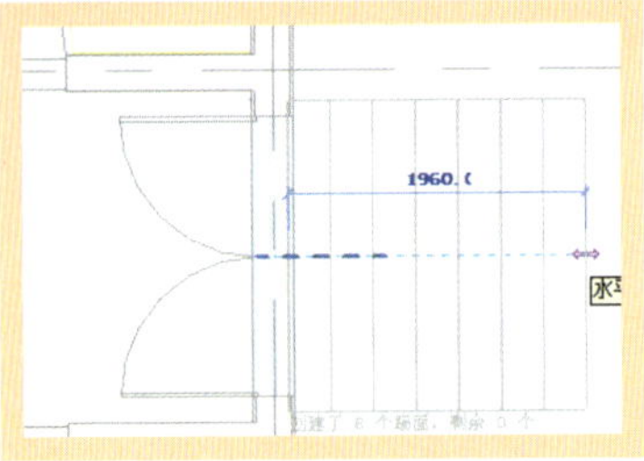

图 6-21 创建了 8 个踢面，剩余 0 个

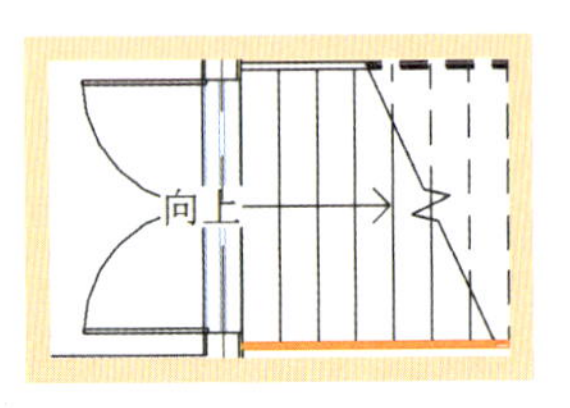

图 6-22 创建完成

步骤4 选中楼梯，单击“编辑楼梯”命令，在新面板单击“翻转”命令，楼梯方向翻转，如图6-23和图6-24所示。

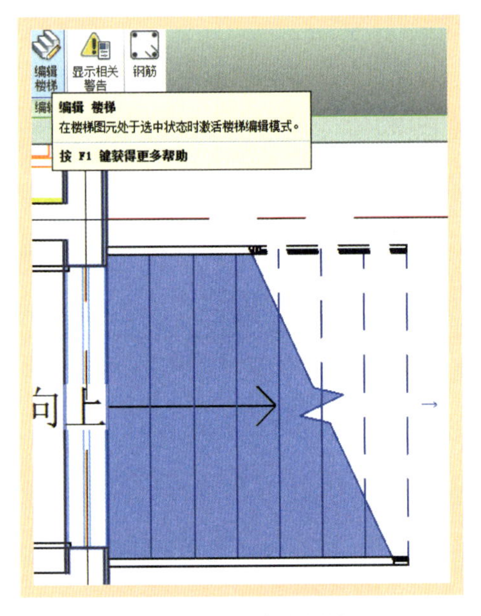

图 6-23 编辑楼梯

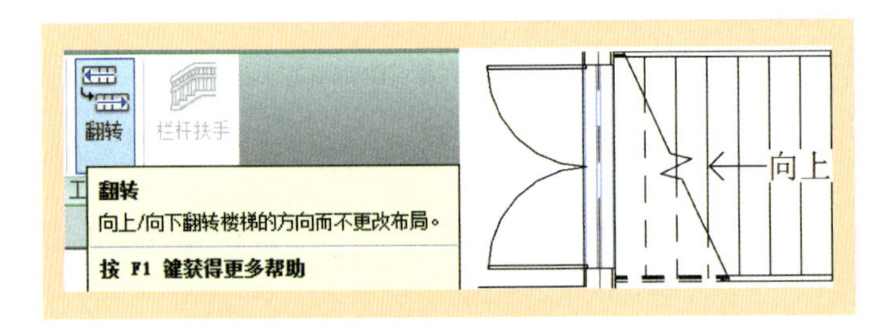

图 6-24 翻转楼梯

步骤5　单击“√”确定后即可自动创建室外楼梯，室外楼梯效果如图6-25所示。

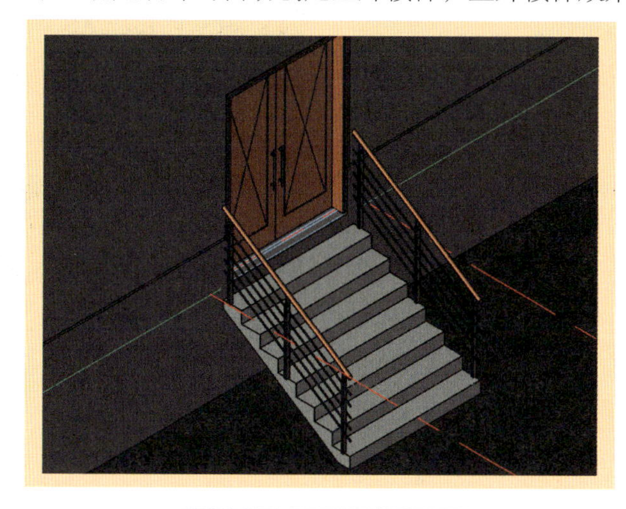

图 6-25　室外楼梯效果图

任务三　入口台阶

入口台阶

步骤1　在项目浏览器中双击“楼层平面”选项下的“F1”，打开“F1”平面视图。调整视图范围，单击一楼公共区楼板，单击“修改 | 楼板”→“编辑边界”命令，如图6-26所示。

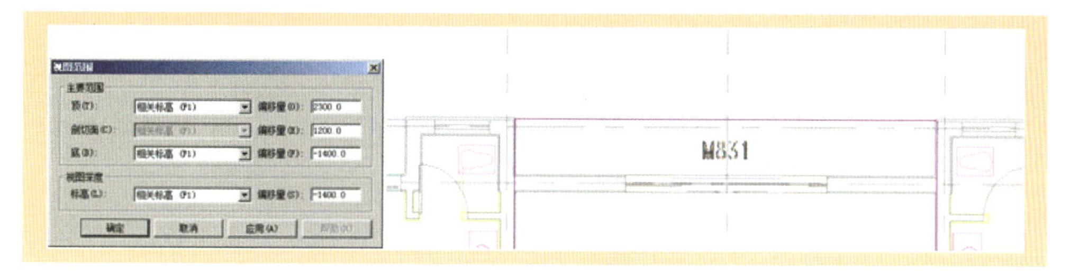

图 6-26　编辑楼板边界

步骤2　单击楼板“属性”命令，打开楼板“属性”对话框，选择楼板类型为“常规－450 mm”，用“直线”命令绘制如图6-27所示楼板的轮廓。单击“√”确定后即可自动创建。

步骤3　单击“建筑”→“楼板”→“楼板：楼板边”命令，打开楼板边缘“属性”对话框，如图6-28所示，替换楼板边缘为“台阶”，再单击楼板创建台阶的边缘线，入口台阶创建完成，如图6-29所示。

图 6-27　楼板的轮廓

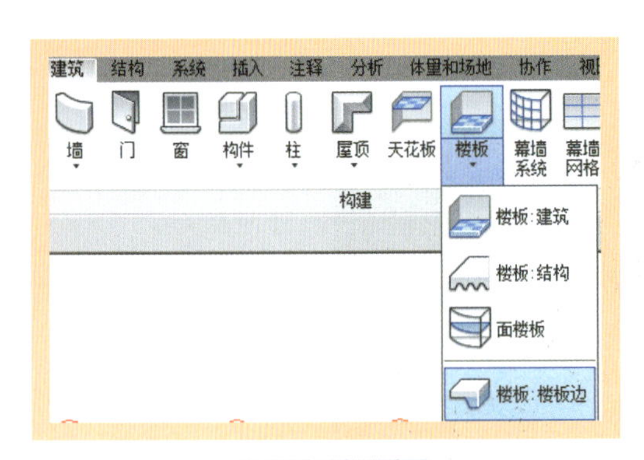

图 6-28　楼板边

图 6-29　入口台阶效果图

任务四　坡道

坡道

步骤1　在项目浏览器中双击“楼层平面”选项下的“F1”，打开“F1”平面视图。单击“建筑”→“楼梯坡道”→“坡道”命令，进入绘制模式，如图6-30所示。

步骤2　单击“属性”面板，设置限制条件“底部标高”为“F1”，“底部偏移”为“－1 400”，“顶部标高”为“F1”，“宽度”为“2 500”，如图6-31所示。

图 6-30　绘制坡道

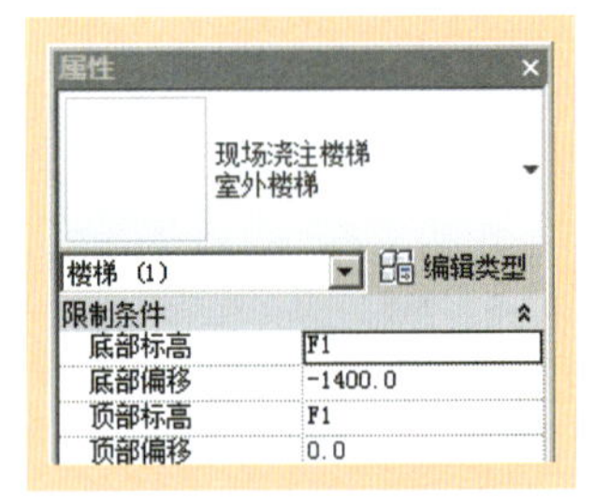

图 6-31　面板属性

步骤3　单击“编辑类型”按钮打开坡道“类型属性”对话框，设置参数“最大斜坡长度”为“6 000”“坡道最大坡度（1/x）”为“2”“造型”为“实体”，如图6-32所示。设置完成后单击“确定”按钮，关闭“属性”对话框。单击“工具”→“扶手类型”命令，设置“扶手类型”参数为“无”，单击“确定”按钮。

步骤4　单击“绘制”→“梯段”命令，在选项栏中选择“直线”工具，移动光标至绘图区域，从上向下拖拽光标绘制坡道梯段，单击“完成坡道”命令，创建的坡道如图6-33所示。

步骤5　利用对齐命令，将坡道与台阶对齐，如图6-34所示。坡道三维效果如图6-35所示。

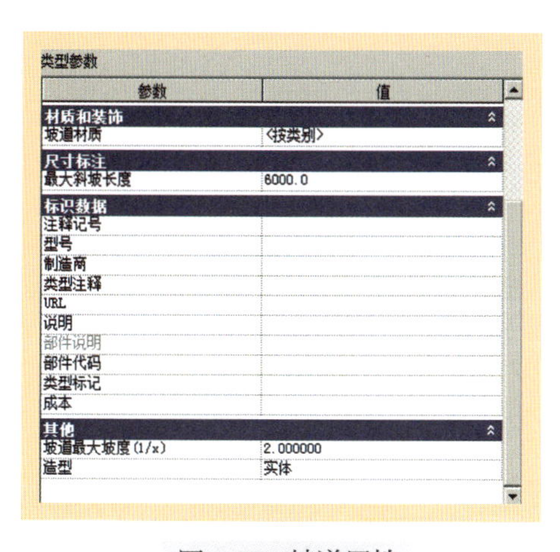

图 6-32　坡道属性

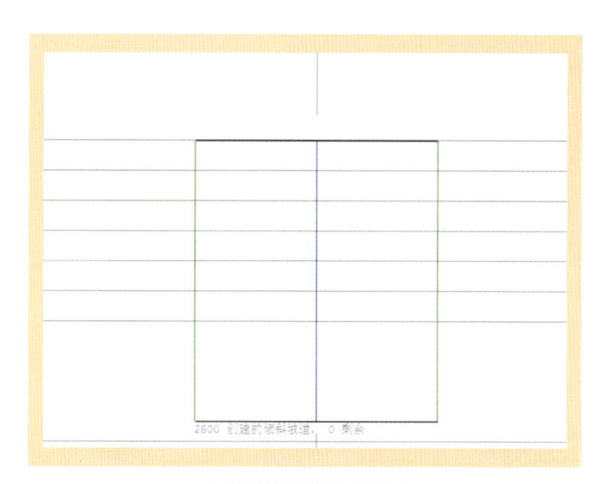

图 6-33　绘制坡道

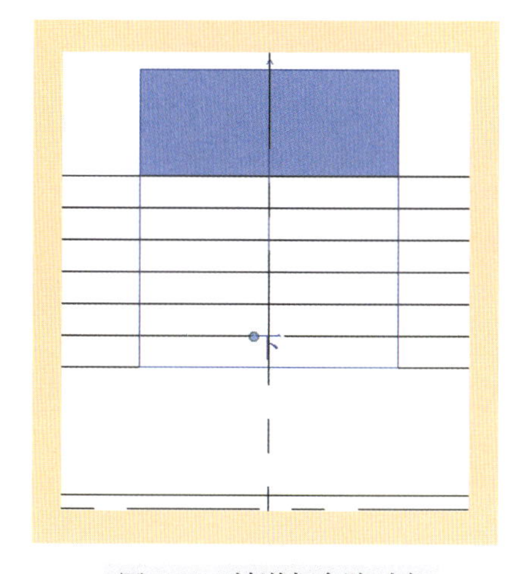

图 6-34　坡道与台阶对齐

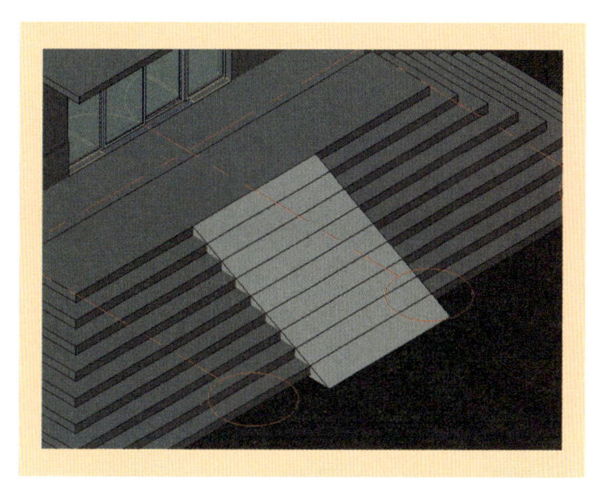

图 6-35　坡道三维效果图

6.4　项目拓展 带边坡的坡道

带边坡的坡道

前述“坡道”命令不能创建两侧带边坡的坡道，可使用“楼板”命令来创建。

步骤1　在项目浏览器中双击“楼层平面”项下的“基础”，打开“基础”平面视图。单击“楼板”→“直线”命令，在选项栏中选择“可变”，绘制如图6-36和图6-37所示800 mm厚楼板的轮廓。单击“完成楼板”命令创建平楼板。

步骤2　选择刚创建的平楼板，“形状编辑”面板显示出几个形状编辑工具，在选项栏中单击“添加分割线”命令，楼板边界变成绿色虚线，如图6-38所示。在中部位置绘制蓝色分割线，如图6-39所示。

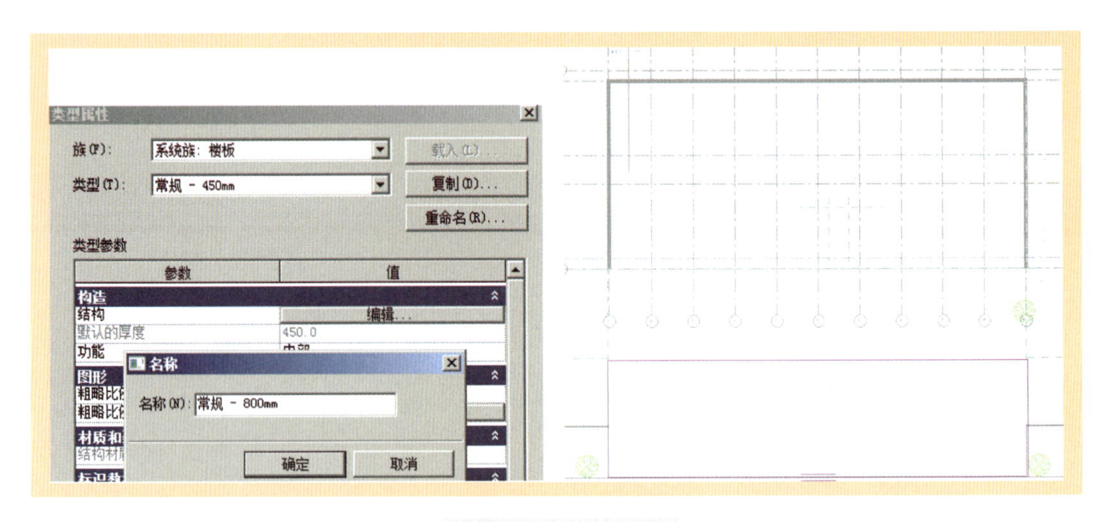

图 6-36　创建平楼板

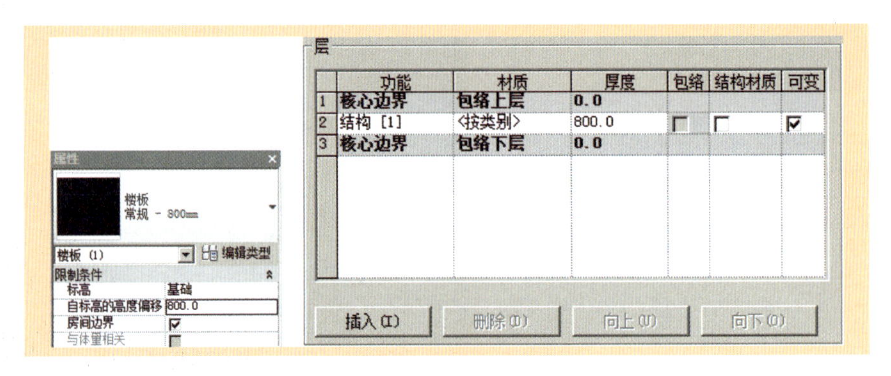

图 6-37　楼板参数

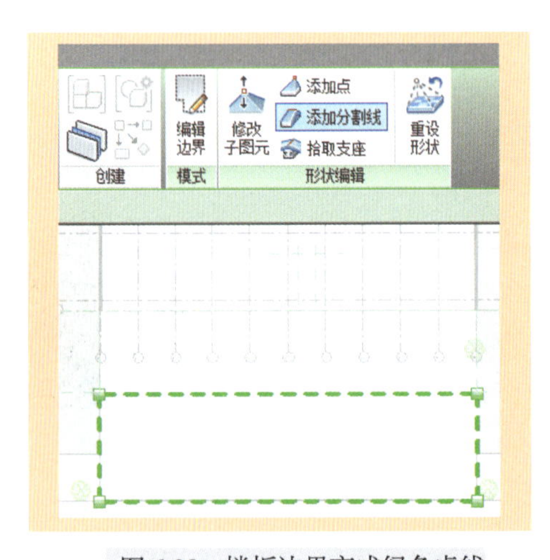

图 6-38　楼板边界变成绿色虚线

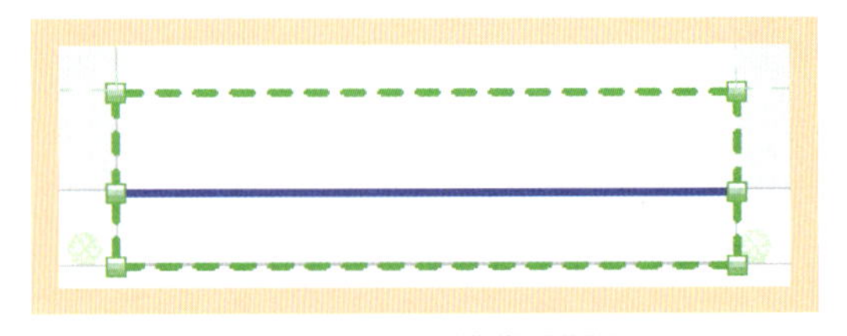

图 6-39　添加分割线

步骤3　利用“修改子图元”命令，单击楼板上两个点，出现相对高程值（默认为0），单击文本框输入“－800”后按Enter键，如图6-40所示。

图 6-40　修改子图元

步骤4　修改完成后按Esc键结束编辑命令，平楼板变成带边坡的坡道，坡道效果如图6-41所示。

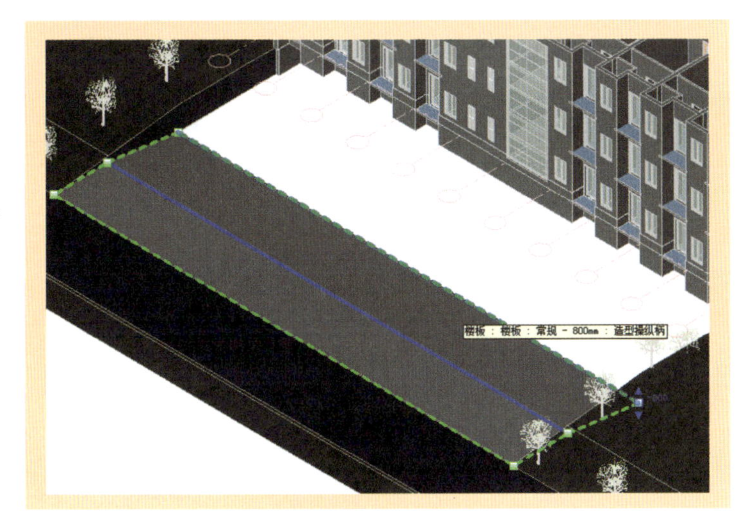

图 6-41　坡道效果图

6.5　1+X 拓展练习

（1）根据图6-42所示楼梯构造与扶手样式创建楼梯与扶手。顶部扶手为直径40 mm圆管，其余扶手为直径30 mm圆管，栏杆扶手的标注均为中心间距。请将模型以“楼梯扶手”为文件名保存到考生文件夹中。

（2）根据图6-43中给定的数值创建楼梯与扶手。扶手截面为50 mm × 50 mm，高度为900 mm，栏杆截面为20 mm × 20 mm，栏杆间距为280 mm，未标明尺寸不作要求，楼梯整体材质为混凝土。请将模型以“楼梯扶手”为文件名保存到考生文件夹中。

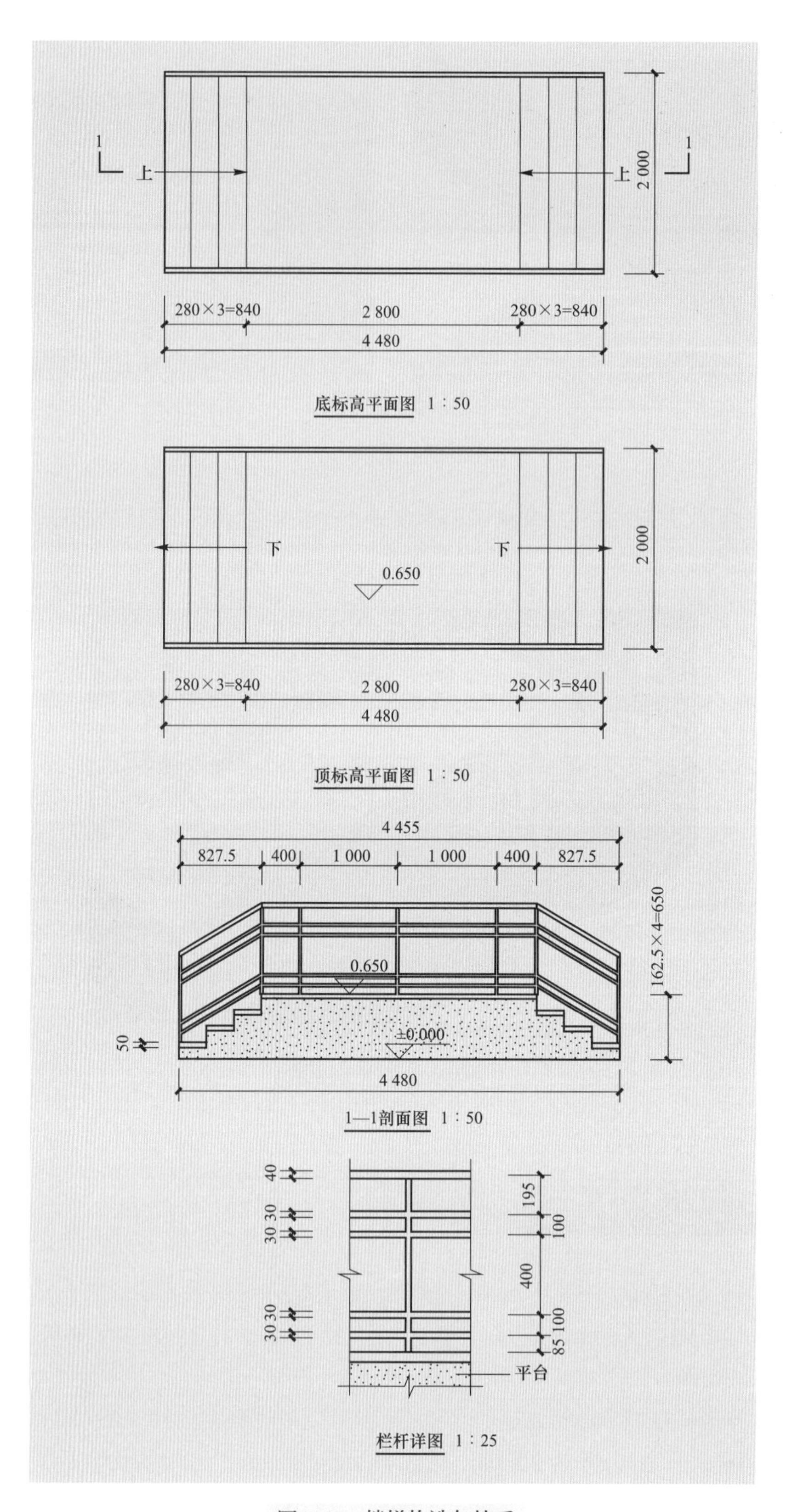

图 6-42 楼梯构造与扶手

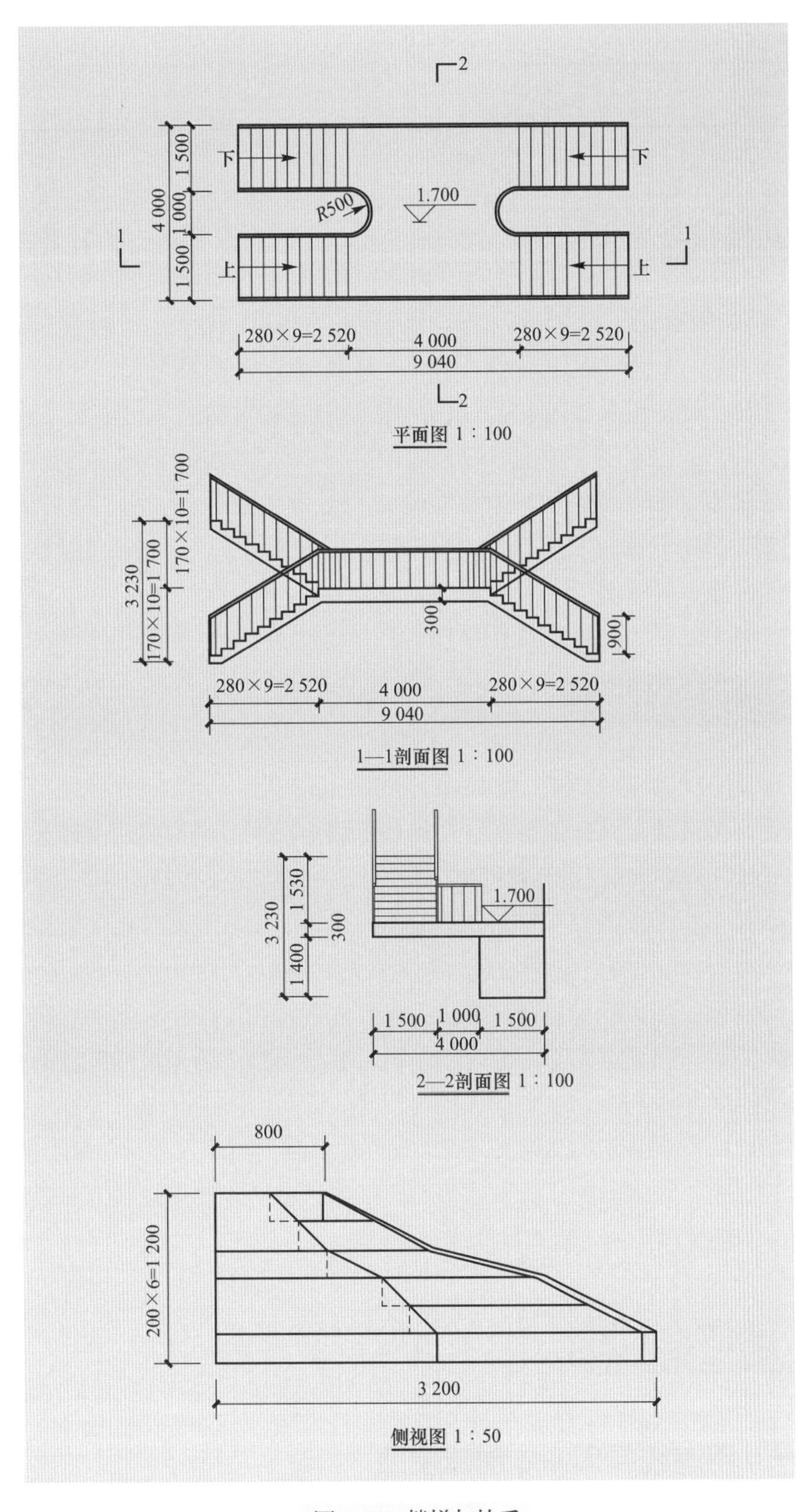
下
下
上
上
R500
1.700
1 500
1 000
1 500
4 000
280×9=2 520
4 000
280×9=2 520
9 040
平面图 1∶100
170×10=1 700
170×10=1 700
3 230
300
900
280×9=2 520
4 000
280×9=2 520
9 040
1—1剖面图 1∶100
1.700
1 530
300
1 400
3 230
1 500
1 000
1 500
4 000
2—2剖面图 1∶100
800
200×6=1 200
3 200
侧视图 1∶50

图 6-43　楼梯与扶手

项目七 屋顶

7.1 项目说明

本项目完成的内容：

（1）迹线屋顶：绘制方式与楼板类似，一般在楼层平面绘制迹线，也可以通过拾取墙定位。区别在于迹线屋顶有“坡度定义”选择，在拾取墙方式下可设置“悬挑”。

（2）拉伸屋顶：在楼层平面上可以通过指定工作平面，转换到垂直于楼层平面的工作平面去绘制轮廓，轮廓线可拉伸成屋顶。

（3）檐槽：采用轮廓族绘制断面，使用封檐带命令建模。如果使用檐槽命令，在屋檐坡度变化处檐槽会有断开，影响建模效果。

7.2 项目分析

屋顶是建筑的重要组成部分，在Revit Architecture中提供了多种建模工具，如迹线屋顶、拉伸屋顶、体量屋顶，玻璃斜窗。在某些特殊情况下，也可以使用族或内建模型来建造屋顶。建模过程中屋顶不能切割窗或门。

（1）迹线屋顶：屋顶的二维草图，必须是闭合的，应在需要绘制的楼层创建。洞口由其他闭合环定义。坡度是在应用坡度参数定义的，可以是比值，也可以是角度。

（2）拉伸屋顶：屋顶轮廓是开放草图，应在立面视图中使用线和弧绘制，深度可以通过指定拉伸的起点和终点控制，也可以绘制后手动调整。绘制拉伸屋顶的轮廓时，为了定位，通常使用参照平面。

（3）体量屋顶：要创建复杂屋顶，可以先创建体量，再载入项目，赋予屋顶。

（4）玻璃斜窗：玻璃斜窗是一种比较特殊的屋顶，可以使用迹线方法或拉伸方法创建玻璃斜窗。网格可以使用幕墙工具修改。

7.3 项目实施

任务一 用迹线屋顶命令创建屋顶

步骤1 在项目浏览器中双击“楼层平面”选项下的“F4”，打开屋顶层平面视图。设置参数“基线”为“F3”，如图7-1所示。

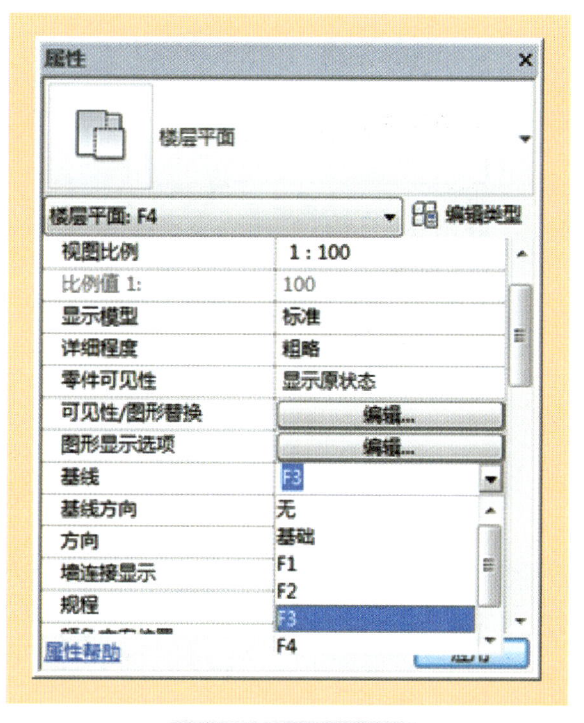

图 7-1　创建迹线屋顶

步骤2　单击“建筑”→“屋顶”→“迹线屋顶”命令，进入绘制屋顶轮廓迹线草图模式，如图7-2所示。

用迹线屋顶命令创建屋顶

步骤3　在“属性”选项中选择“青灰色琉璃筒瓦”类型。单击“绘制”→“直线”命令，勾选“定义坡度”，勾选“链”，偏移量设置为0，绘制屋顶轮廓迹线，如图7-3和图7-4所示。

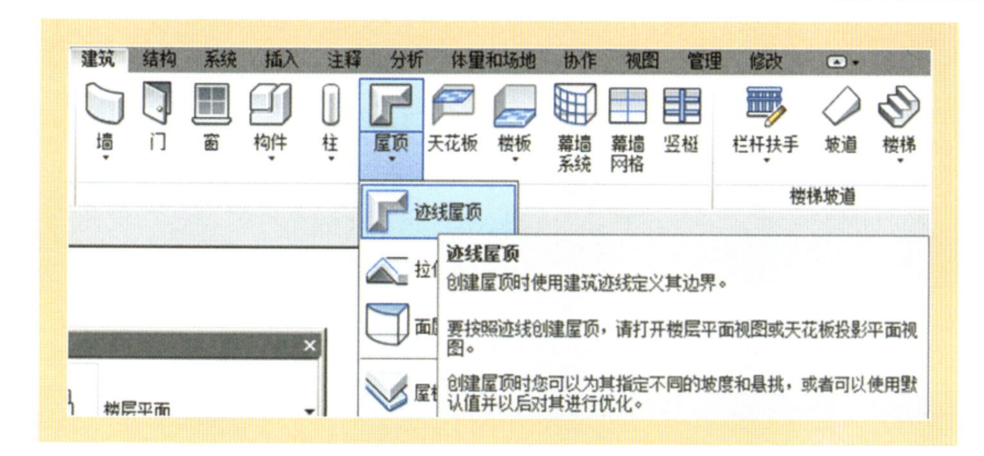

图 7-2　进入绘制屋顶轮廓迹线草图模式

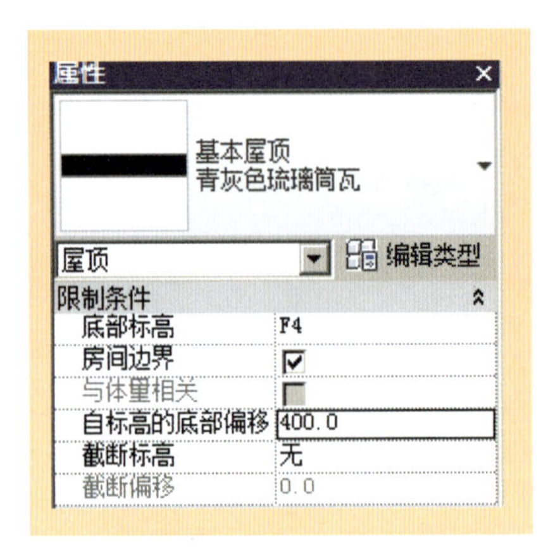

图 7-3 屋顶轮廓迹线参数

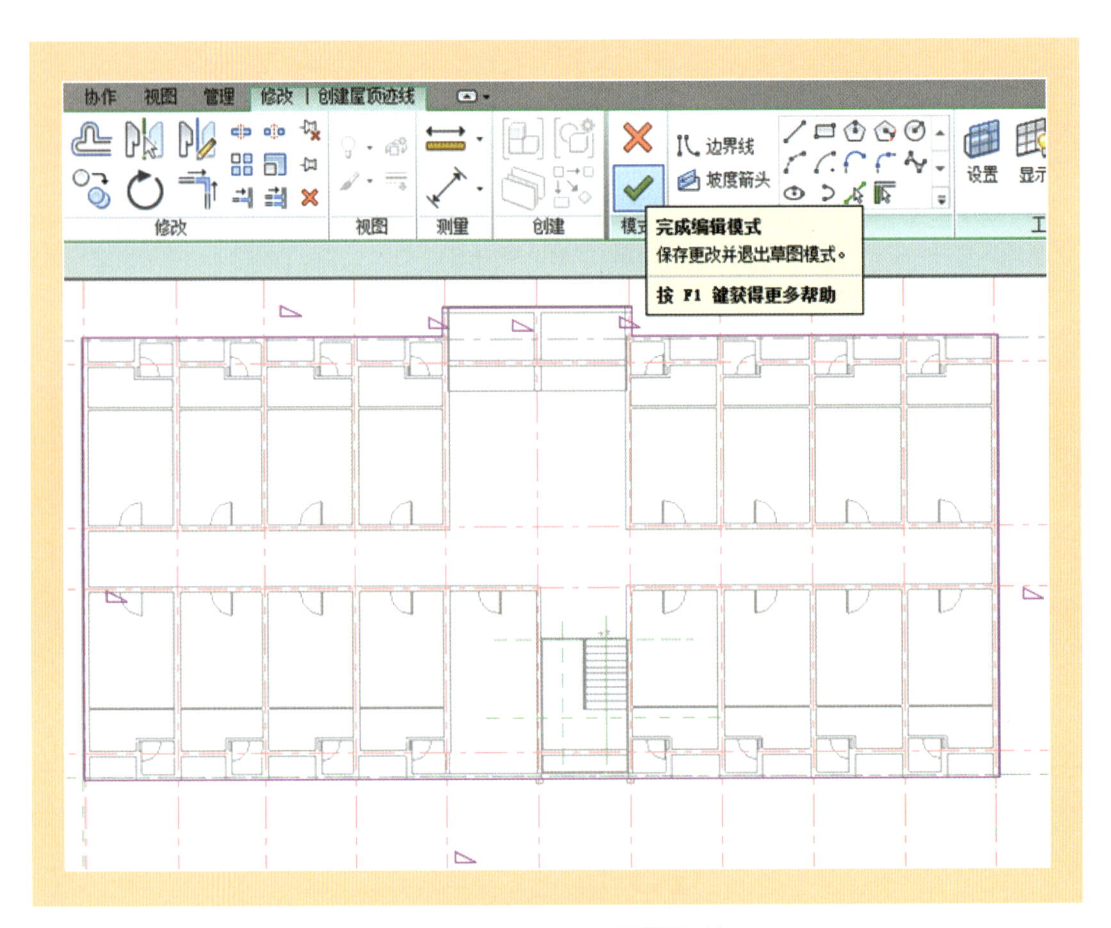

图 7-4 屋顶轮廓迹线编辑状态

步骤4 在屋顶“属性”面板中设置“坡度”参数为22°，单击“应用”按钮，所有屋顶迹线的坡度值自动调整为22°。单击入口处迹线，在选项栏中取消勾选“定义坡度”选项，取消这条迹线的坡度，如图7-5所示。

步骤5 单击“修改丨创建屋顶迹线”→“模式”→“完成编辑模式”命令，创建宿舍屋顶。进入三维视图，选择屋顶下的墙体，单击选项栏中“修改墙”→“附着顶部/底部”命令，拾取刚创建的屋顶，将墙体附着到屋顶下，如图7-6所示。创建完成效果，如图7-7所示。

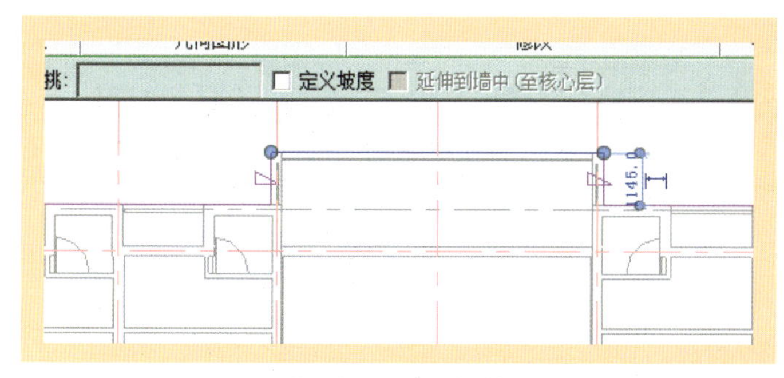

图 7-5 定义屋顶坡度

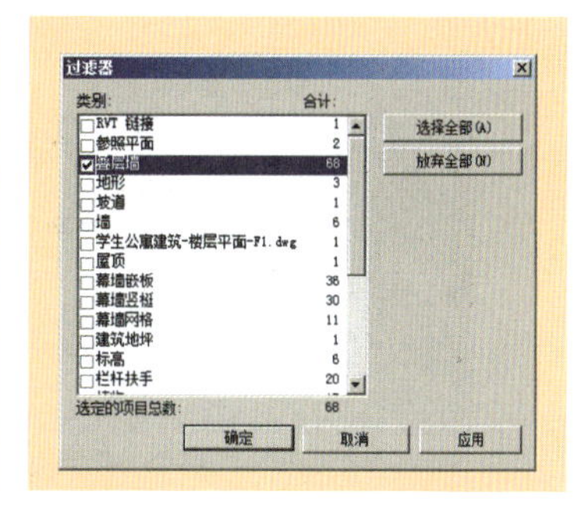

图 7-6 墙体附着屋顶参数设置

图 7-7 效果图

步骤6 单击“结构”→“梁”命令，在“属性”面板下拉列表中选择梁类型“屋脊-屋脊线”，参照标高为屋顶层，z轴对正为底，在绘制面板中选择“直线”命令，勾选“三维捕捉”，在三维视图中捕捉屋脊线两个端点创建屋脊。可以通过调整属性面板中的起点（终点）标高偏移调整屋脊高度，如图7-8所示。

步骤7 单击“修改”→“几何图形”→“连接”→“连接几何图形”命令，先选择要连接的屋顶，再选择要与屋顶连接的屋脊，系统会自动将两者连接在一起，如图7-9所示。按Esc键结束连接命令。屋顶屋脊连接详图如图7-10所示。

步骤8 保存文件，绘制好的屋顶效果如图7-11所示。

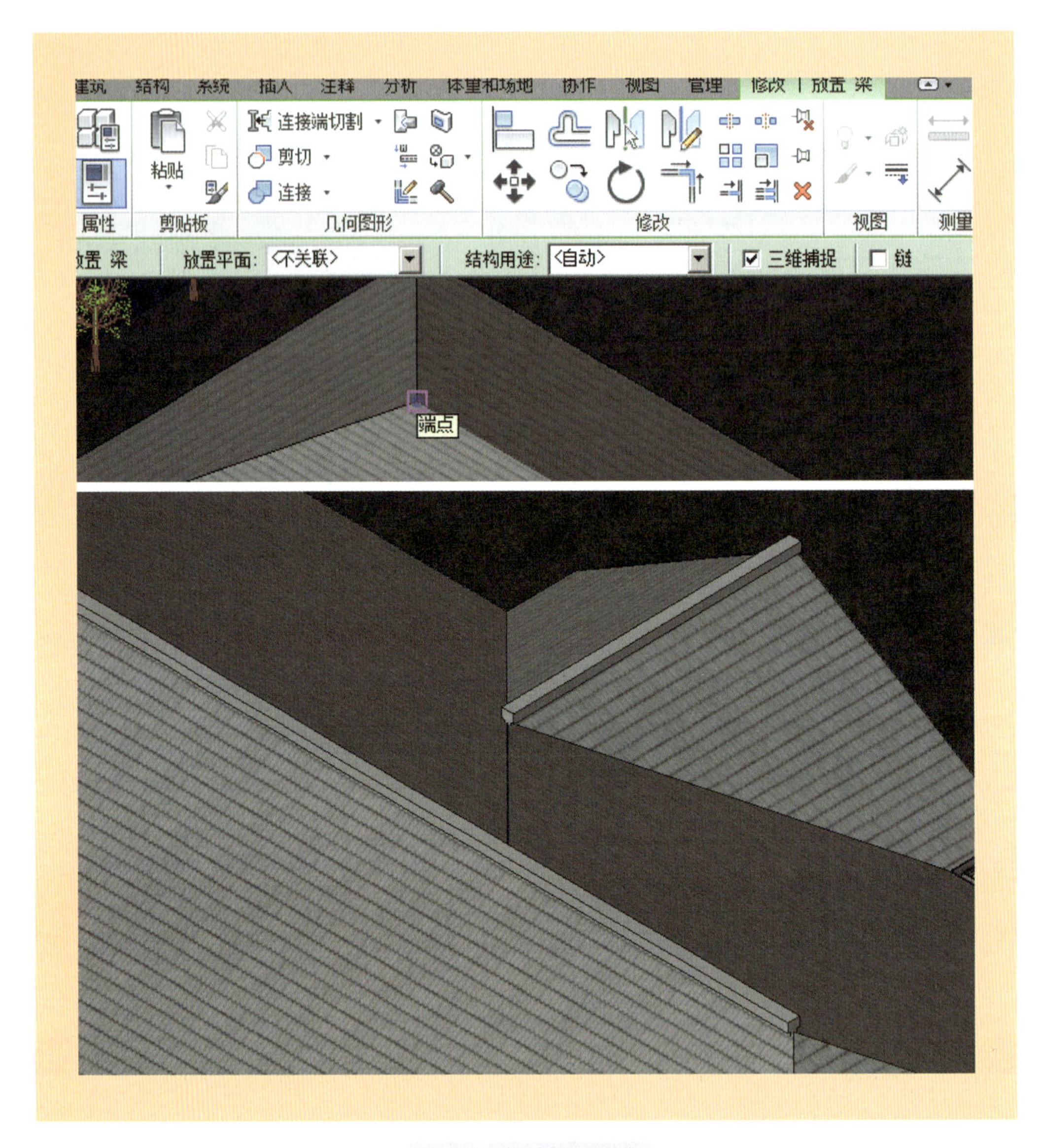

图 7-8　新建屋顶屋脊

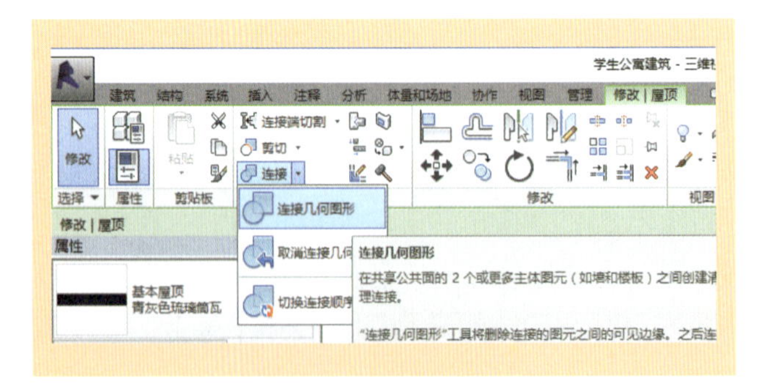

图 7-9　连接屋顶屋脊

图 7-10　屋顶屋脊连接详图

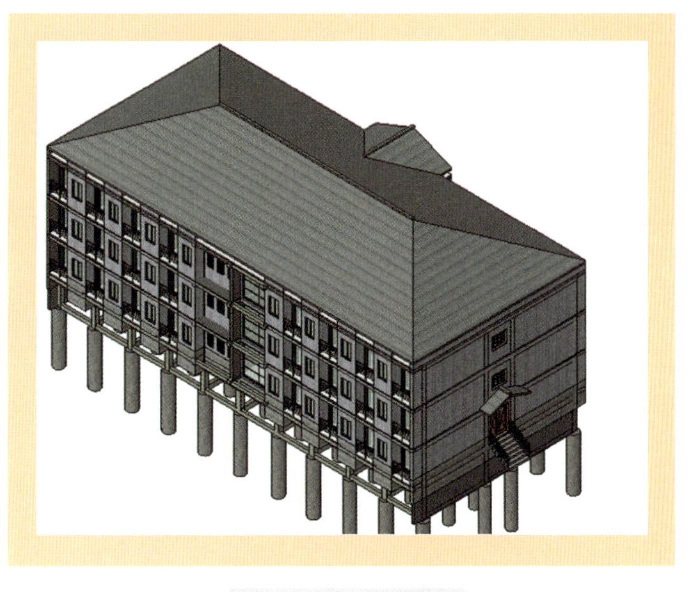

图 7-11　屋顶效果图

任务二　拉伸屋顶

拉伸屋顶也是常用的创建屋顶的建模工具。下面以在宿舍入口处绘制一个拉伸屋顶为例，作详细介绍。

拉伸屋顶

步骤1　在项目浏览器中双击“楼层平面”选项下的“F2”，打开二层平面视图。在视图“属性”面板中，设置参数“基线”为“F1”，如图7-12所示。

步骤2　单击“建筑”→“工作平面”→“参照平面”命令，在Ⓒ轴和Ⓓ轴向外800 mm处各绘制一根参照平面，在⑪轴向右1 200 mm处绘制一根参照平面，如图7-13所示。

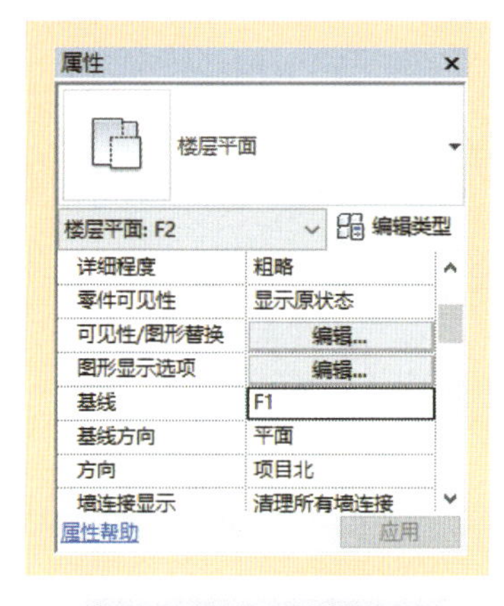

图 7-12　视图属性设置

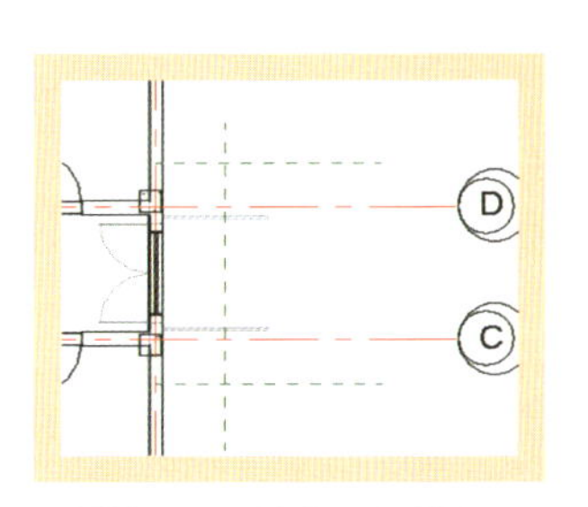

图 7-13　参照平面绘制

步骤3 单击“建筑”→“屋顶”→“拉伸屋顶”命令，系统会弹出“工作平面”对话框提示设置工作平面，如图7-14所示。

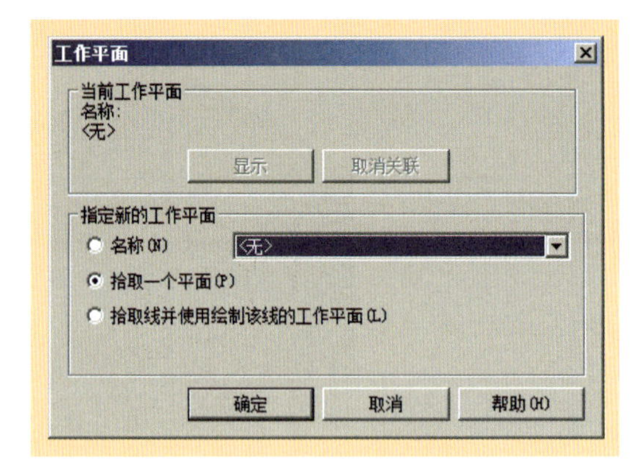

图 7-14　工作平面设置

步骤4 确定参照标高与偏移。

（1）在“工作平面”对话框中选择“拾取一个平面”，单击“确定”按钮。

（2）移动光标单击拾取刚绘制的水平参照平面，打开“转到视图”对话框。在“转到视图”对话框中单击选择“立面：东”，单击“确定”按钮，进入“东立面”视图。

（3）在弹出的“屋顶参照标高和偏移”对话框中，选择标高F2，偏移为0，如图7-15所示。

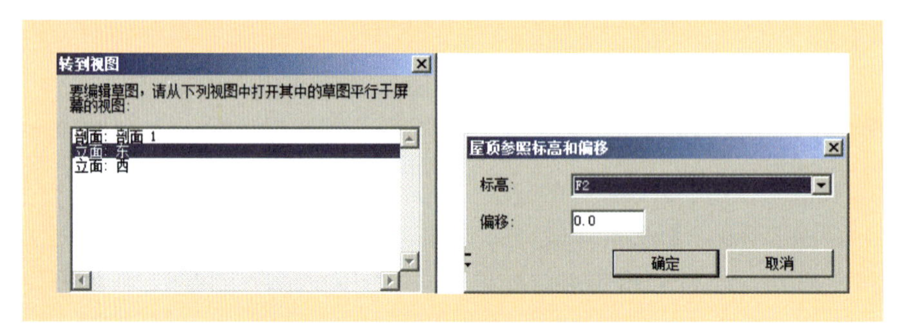

图 7-15　屋顶参照标高和偏移设置

步骤5 在“东立面视图”中间墙体两侧可以看到两根竖向的参照平面，这是刚在F2视图中绘制的两根垂直参照平面在北立面的投影，其主要是用于创建屋顶时的精确定位。

步骤6 单击“绘制”面板中“直线”命令，绘制拉伸屋顶截面形状线，调整角度为20°。在“属性”面板中单击“屋顶属性”按钮，从类型下拉列表中选择“青灰色琉璃筒瓦”，单击“确定”按钮关闭对话框。单击“√”按钮完成屋顶命令创建拉伸屋顶，如图7-16所示。

步骤7 连接屋顶。

（1）打开三维视图，过滤除叠层墙与屋顶外的所有构件，如图7-17所示。

（2）单击“修改｜屋顶”→“几何图形”→“连接/取消连接屋顶”命令，如图7-18所示。单击拾取延伸到二层屋内的屋顶边缘线；单击拾取左侧二层外墙墙面，即可自动调整屋顶长度使其端面和二层外墙墙面对齐。

步骤8 创建屋脊，连接屋顶和屋脊，类似任务一，拉伸屋顶效果如图7-19所示。

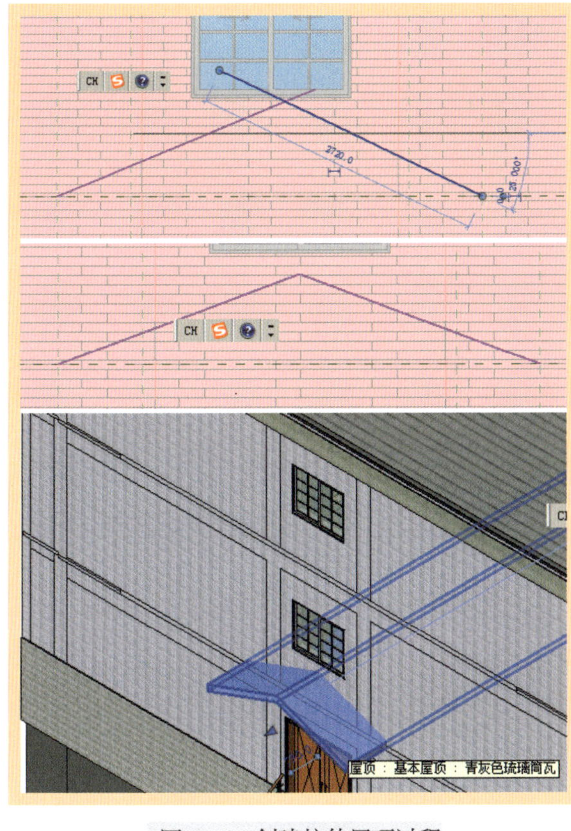

图 7-16　创建拉伸屋顶过程

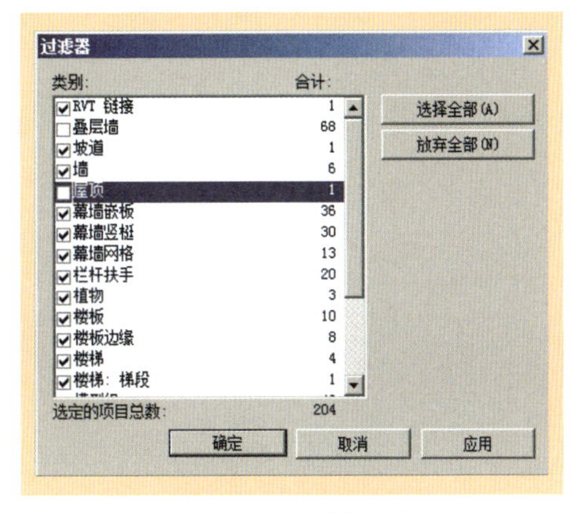

图 7-17　过滤器设置

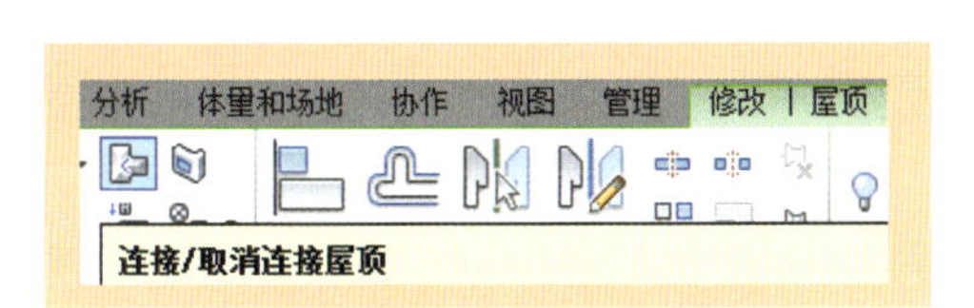

图 7-18　连接／取消连接屋顶

图 7-19　拉伸屋顶效果图

任务三　檐槽

屋顶的檐槽美观程度不够，可以利用族，生成更宽的白色水泥混凝土檐槽，获得更好的效果。

檐槽

步骤1　单击左上角R图标，单击“新建”→“族”命令，在弹出的选择框中选择“公制轮廓.rft”样板文件，如图7-20所示，单击“打开”按钮，进入轮廓族的设计界面。

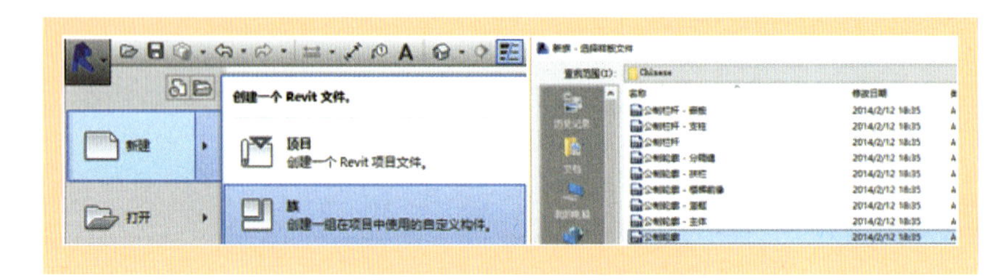

图 7-20　轮廓族的样板文件

步骤2　在打开的族文件中，通过“直线”命令，绘制如图7-21所示的闭合轮廓。完成后，保存为族文件“檐槽-混凝土”，再单击“载入到项目中”，将其直接载入项目“学生公寓-建筑”。

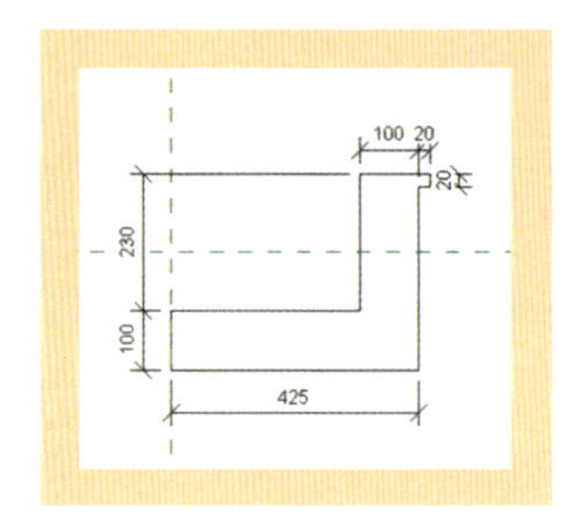

图 7-21　檐槽轮廓

步骤3　在项目“学生公寓-建筑”三维视图中，单击“建筑”→“屋顶”→“屋顶：封檐带”命令，单击“编辑类型”，打开“类型属性”对话框，新建墙饰条类型“封檐带1”，设置其轮廓为“檐槽-混凝土”，材质为“白色涂料”，单击“确定”按钮，如图7-22所示。

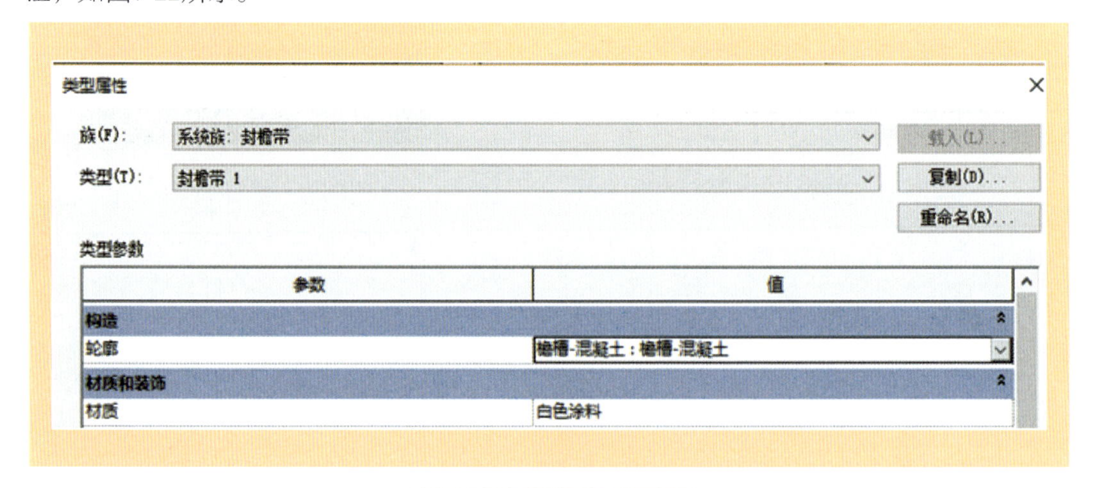

图 7-22　封檐带类型属性

步骤4　依次单击屋顶边缘线，檐槽完成后，按Esc键结束命令，效果如图7-23所示。

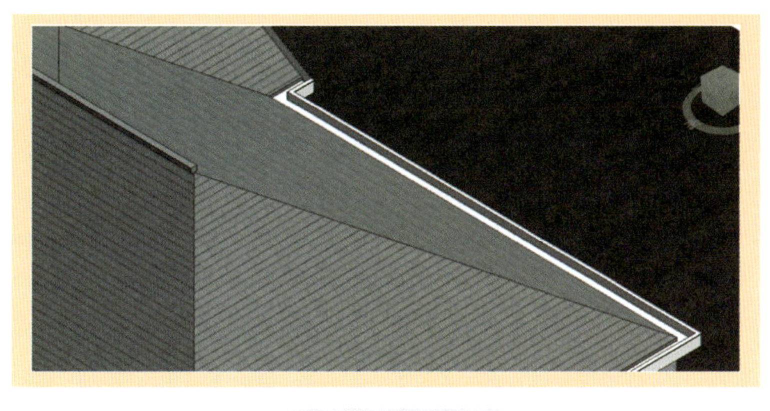

图 7-23　檐槽效果

7.4　项目拓展 面屋顶

不规则的屋顶一般适用面屋顶的创建，需要先创建体量，再创建屋顶，如图7-24所示。

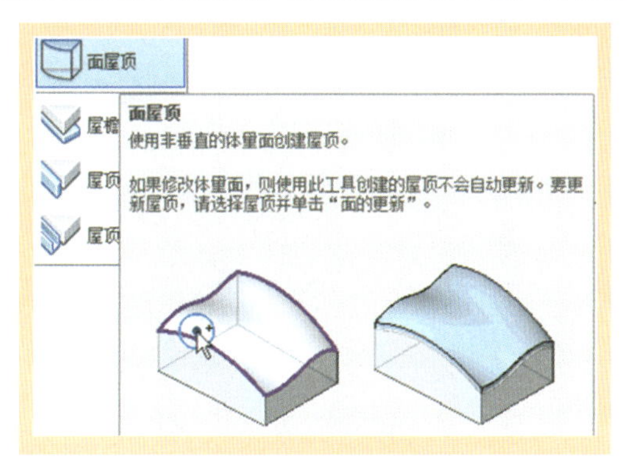

图 7-24　面屋顶

7.5　1+X 拓展练习

（1）建立如图7-25屋顶模型，并对平面及东立面做如图标注，以“老虎窗屋顶”命名保存在考生文件夹中。屋顶类型：常规-125 mm，墙体类型：基本墙-常规200 mm，老虎窗墙外边线齐小屋顶际线，窗户类型：固定-0915类型，其他见标注。

（2）按要求建立钢结构雨篷模型（包括标高、轴网、楼板、台阶、钢柱、钢梁、幕墙及玻璃顶棚），尺寸、外观与图7-26所示一致，幕墙和玻璃雨篷表示网格划分即可，见节点详图，钢结构除图中标注外均为GL2矩形钢，图中未注明尺寸自定义。将建好的模型以“钢结构雨篷+考生姓名”为文件名保存至考生文件夹中。

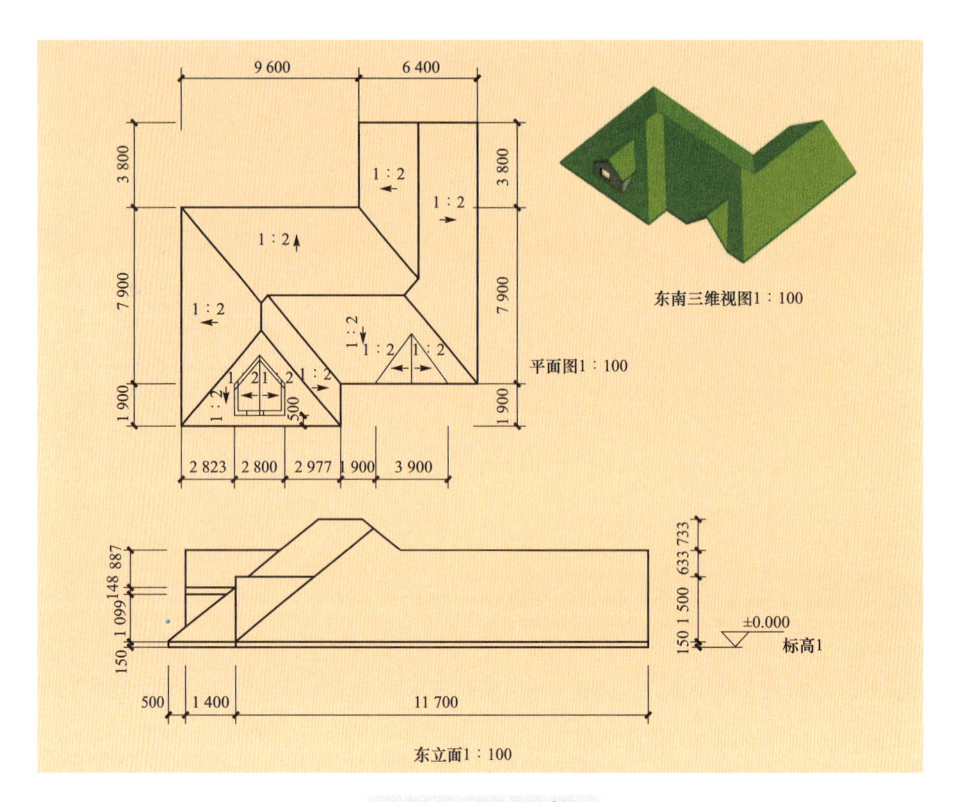

图 7-25　屋顶示意图

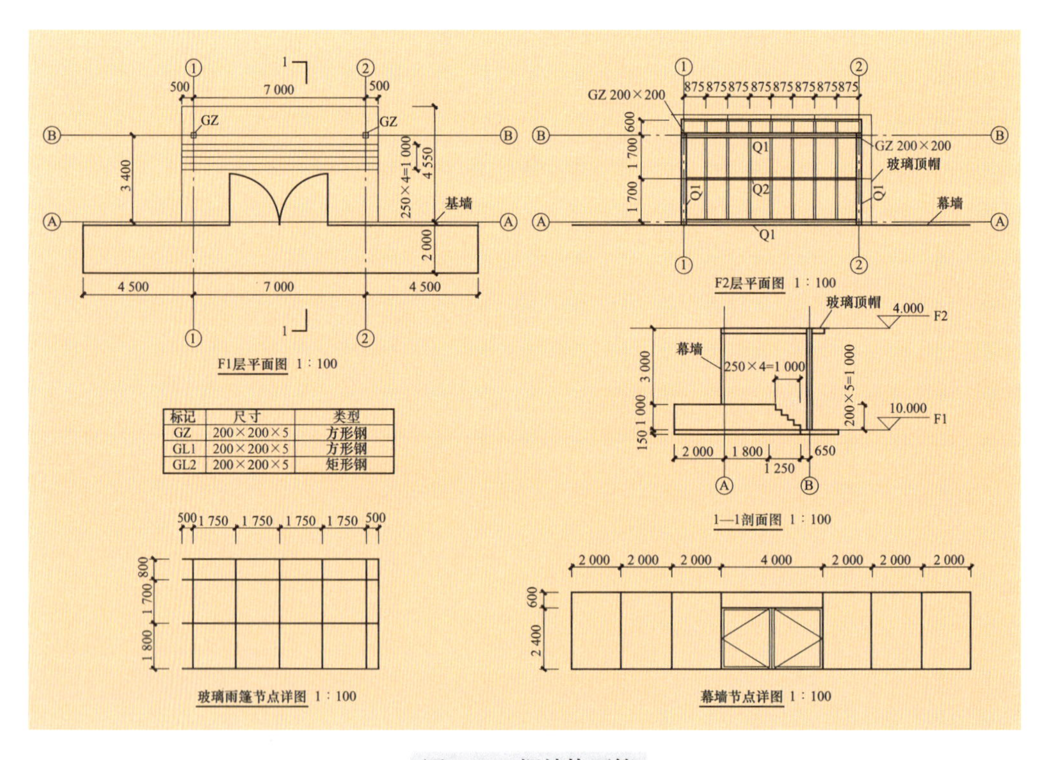

标记	尺寸	类型
GZ	200×200×5	方形钢
GL1	200×200×5	方形钢
GL2	200×200×5	矩形钢

图 7-26　钢结构雨篷

项目八 场地

8.1 项目说明

本项目完成的内容：

（1）地形表面：地形表面是建筑场地地形的图形表示。默认情况下，楼层平面视图不显示地形表面，可以在三维视图中显示。

（2）子面域：在现有地形表面中绘制新的不同材质区域。

（3）建筑地坪：建筑地坪工具适用于创建水平地面、停车场、水平道路等。

（4）场地构件：场地构件主要是花草、树木、车等构件，可以使整个场景更加丰富。

8.2 项目分析

通过项目节的学习，可以了解场地的相关设置与地形表面、场地构件的创建与编辑的基本方法和相关应用技巧。对于一些特殊造型的场地，还可以通过内建模型来创建。

（1）地形表面：本项目仅取6个高程点，实际工程中可以在专业网站下载高程图输入或利用实际测绘的高程。

（2）子面域：创建子面域不会生成新高程的地平面，只是在地形表面上圈定了某块表面区域，可以定义不同属性。例如，本项目将使用子面域在草地表面绘制沥青道路。

（3）建筑地坪：建筑地坪与子面域工具不同，建筑地坪工具会创建出单独的水平表面，并剪切地形。

（4）场地构件：场地构件的放置可以在3D视图中完成，也可以在楼层平面完成。Revit自带的场地构件数量不够用时，可以安装构件坞、族库大师等插件，从中提取需要的族。

8.3 项目实施

任务一 地形表面

地形表面

步骤1 在项目浏览器中，单击“楼层和场地”→“基础”命令，进入基础平面视图。

步骤2　为了便于捕捉，在场地平面视图中根据绘制地形的需要，绘制6条参照平面，如图8-1所示。

步骤3　单击“体量和场地”→“场地建模”→“地形表面”命令，光标回到绘图区域，Revit将进入草图模式。

步骤4　单击“放置点”按钮，选项栏显示高程选项如图8-2所示，将光标移动至高程数值“0.0”上双击，即可设置新值，输入“−1 400”后按Enter键完成高程值的设置。

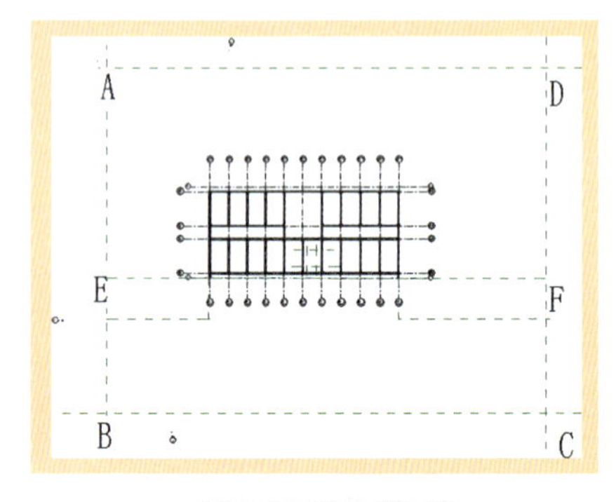

图 8-1　参照平面

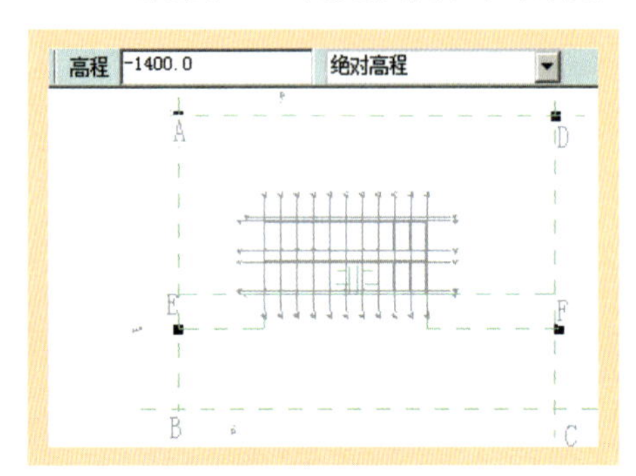

图 8-2　高程设置

步骤5　移动光标至绘图区域，依次单击图8-1中的A、D、E、F四点，即放置了4个高程为“−1 400”的点，并形成了以该四点为端点的高程为“−1 400”的一个地形平面。

步骤6　再次将光标移动至选项栏，双击“高程”值“－1 400”，设置新值为“－3 200”，按Enter键。光标回到绘图区域，依次单击B、C两点，即放置两个高程为“－3 200”的点，如图8-3所示。

步骤7　单击“属性”面板“材质”后的“按类别”，此时打开了如图8-4所示的“材质浏览器”对话框，选择“场地-草”材质，单击“确定”按钮，依次关闭对话框，给地形表面添加草地材质。

步骤8　单击“完成建筑地坪”命令创建建筑地坪，保存文件。

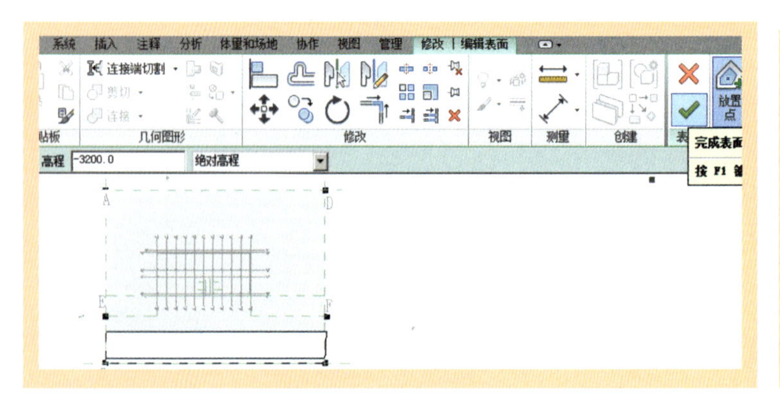

图 8-3　高程点放置

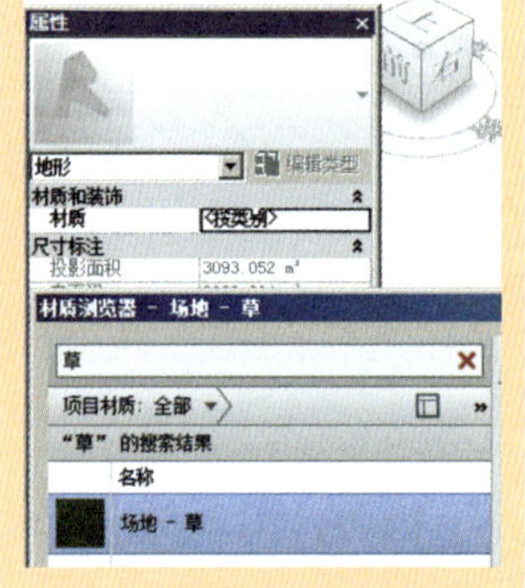

图 8-4　材质设置

任务二　地形子面域（道路）

本任务将使用“子面域”命令在地形表面上绘制道路。

步骤1　在项目浏览器中单击“楼层平面”→“基础”命令，进入基础平面视图。单击“体量和场地”→“修改场地”→“子面域”命令，进入草图绘制模式。绘制如图8-5所示的子面域轮廓。

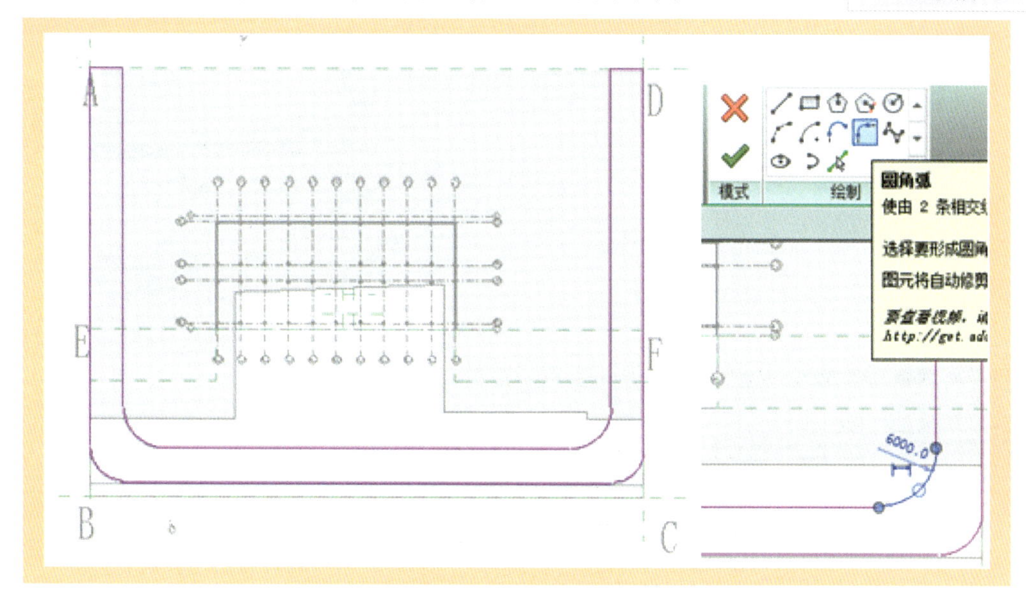

图 8-5　子面域轮廓

（1）先单击“绘制”→“直线”工具绘制轮廓线，绘制到弧线时，单击“绘制”面板→“圆角弧”，勾选选项栏“半径”，将半径值设置为11 000。绘制完弧线后，切换回直线继续绘制。

（2）利用偏移工具，偏移4 000，绘制内圈轮廓线，闭合。

步骤2　单击“属性”面板“材质”后的“按类别”，打开“材质浏览器”对话框，在左侧材质中选择“场地-柏油路”，如图8-6所示。

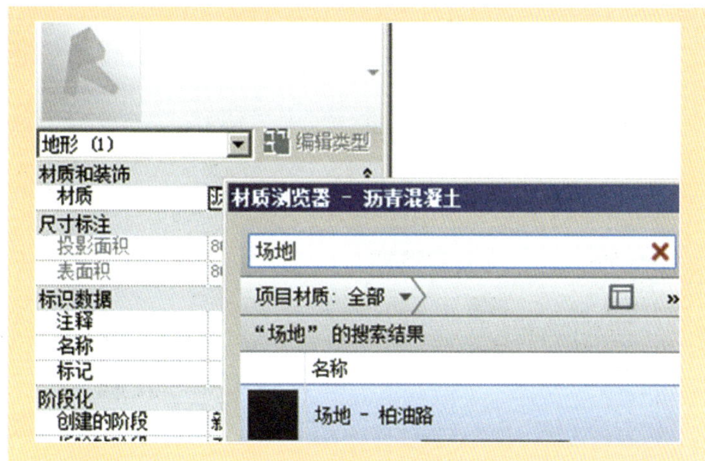

图 8-6　材质设置

步骤3　单击“√”命令，完成子面域道路的绘制，保存文件。

任务三 建筑地坪

步骤1 绘制地坪。

（1）在项目浏览器中展开“楼层平面”，双击视图名称“基础”，进入“基础”视图，单击“体量和场地”→“场地建模”→“建筑地坪”命令，进入建筑地坪草图绘制模式，如图8-7所示。

（2）单击“绘制”→“直线”命令，移 动光标至绘图区域，绘制建筑地坪轮廓，必须保证轮廓线闭合，如图8-8所示。

图 8-7 建筑地坪草图绘制模式

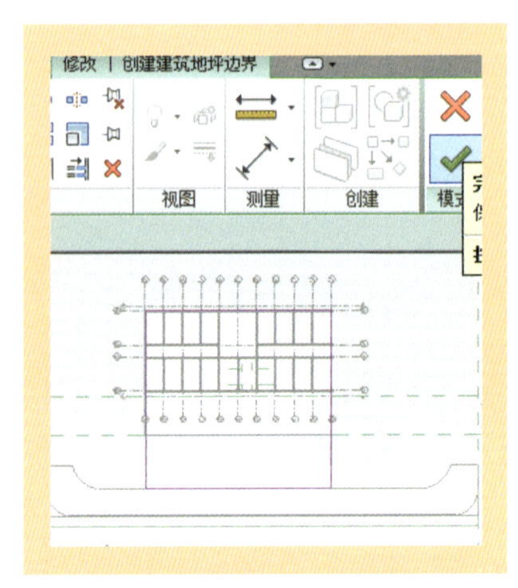

图 8-8 建筑地坪轮廓绘制

步骤2 设置地坪材质。

（1）在“属性”面板中设置标高为“基础”，如图8-9所示。

（2）单击“编辑类型”按钮，打开“编辑部件”对话框，如图8-10所示。

（3）单击“结构[1]”后的“按类别”，打开“材质浏览器”对话框，选择材质为“混凝土-沙／水泥找平”，单击“确定”按钮依次关闭所有对话框。

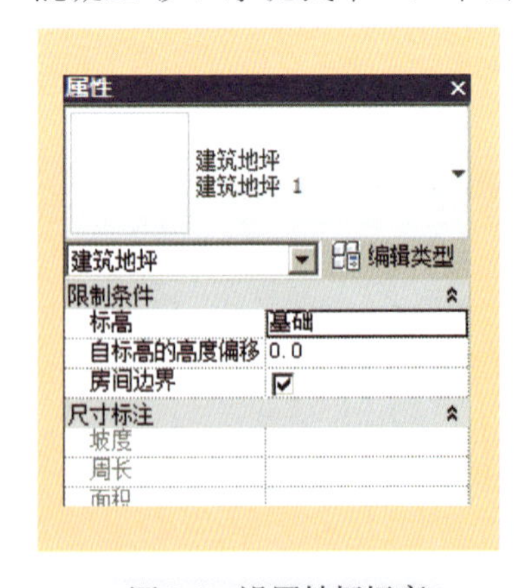

图 8-9 设置地坪标高

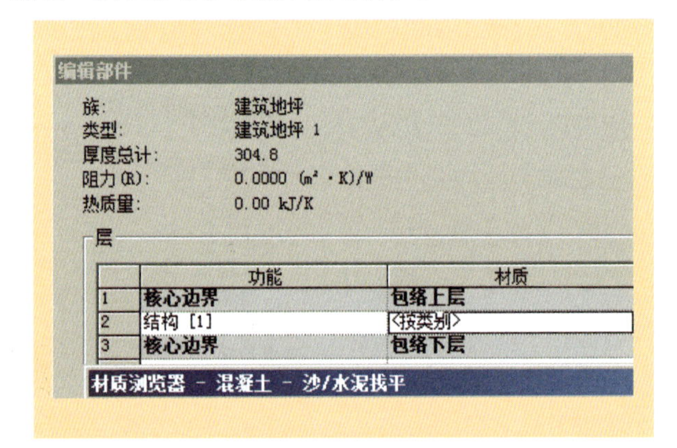

图 8-10 编辑部件

任务四　场地构件

场地构件

步骤1　在项目浏览器中，单击“楼层平面”→“基础”，进入基础平面视图。

步骤2　单击“体量和场地”→“场地建模”→“场地构件”命令，在类型选择器中选择需要的构件，如图8-11所示。如样板中没有合适的构件，也可单击“模型”→“载入族”命令，打开“载入族”对话框，如图8-12所示。

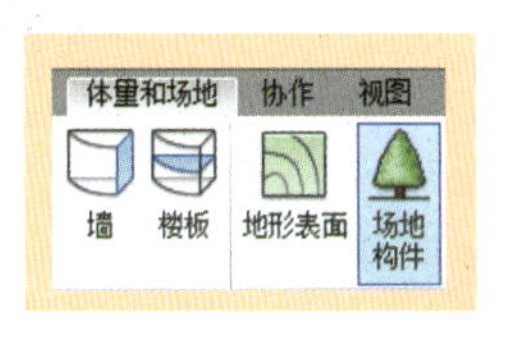

图 8-11　场地构件

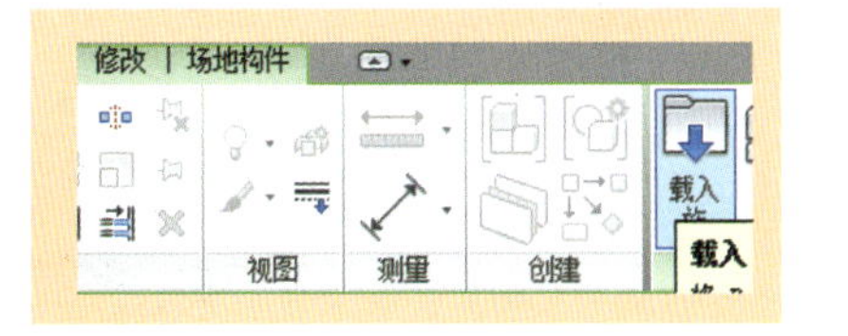

图 8-12　载入族

步骤3　双击建筑“植物”文件夹→“乔木”文件夹，选择“乔木1 3D”，单击“打开”按钮载入到项目中，如图8-13所示。

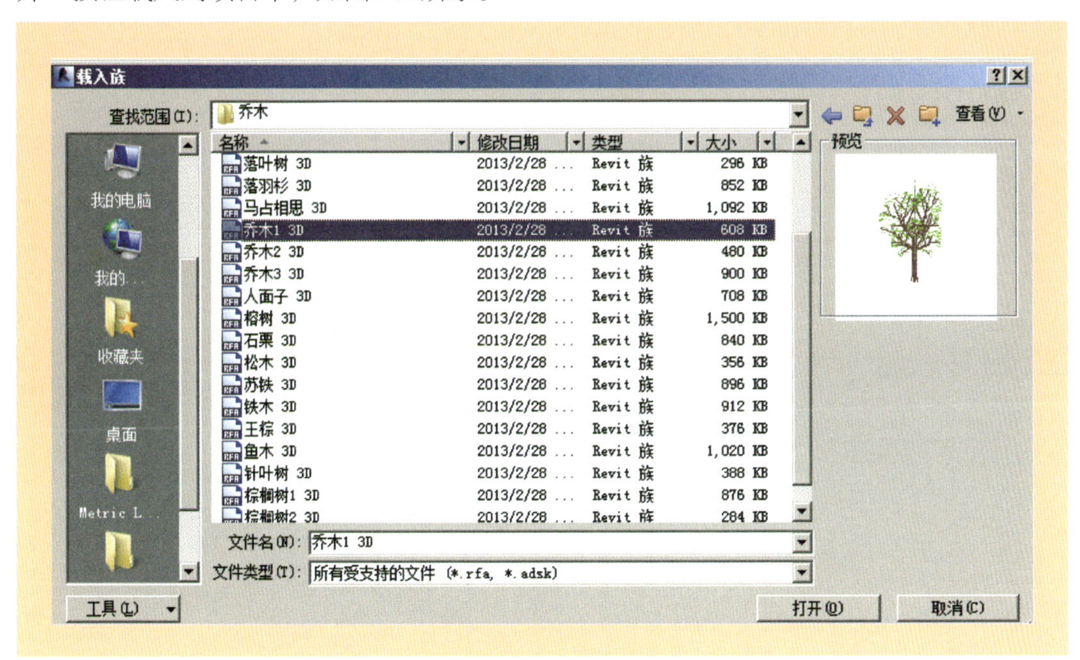

图 8-13　载入乔木

步骤4　在“场地”平面图中根据需要在道路及公寓周围添加其他场地构件。建成的场地三维效果如图8-14所示。

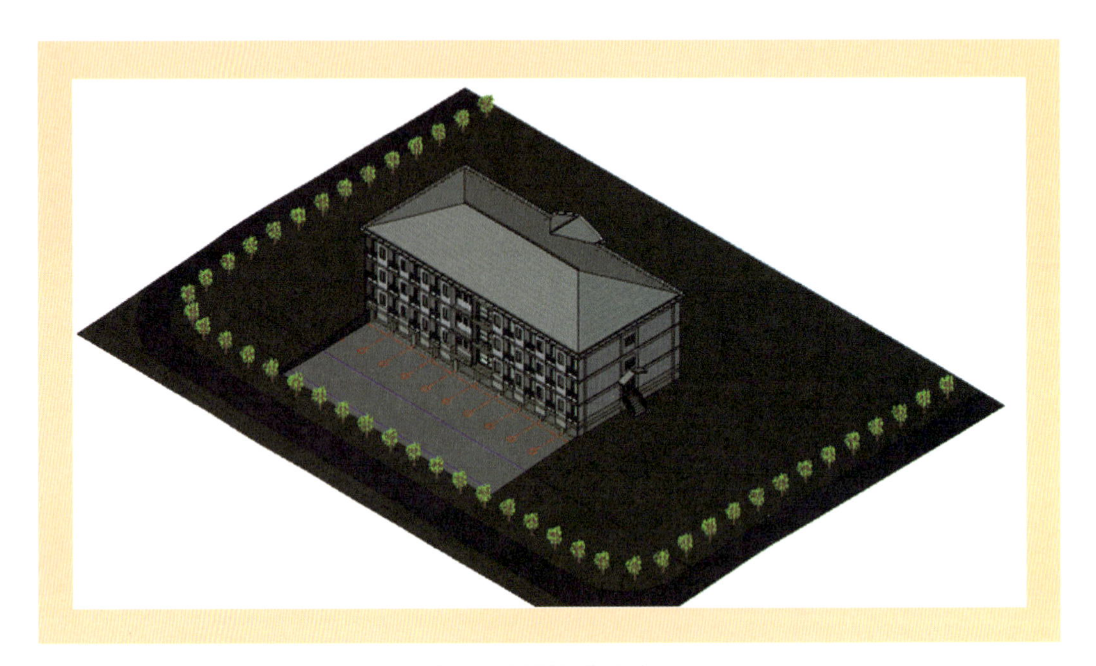

图 8-14　场地效果图

8.4　1+X 拓展练习

依据图8-15尺寸绘制交通锥模型。

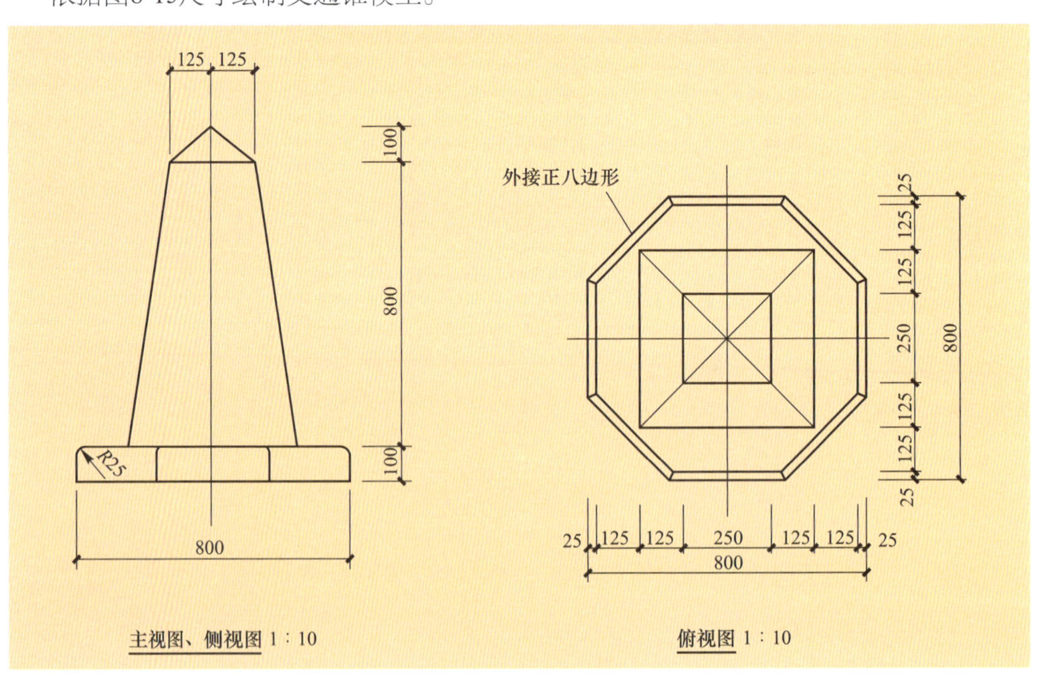

图 8-15　交通锥视图

第 3 篇

Revit 机电建模

项目九 送风系统

9.1 项目说明

在平面视图中绘制风管时有以下三种情形：

（1）在连接件所示“出”处方框单击鼠标左键，可直接绘制风管。

（2）在连接件所示“出”处单击鼠标右键，可选择“绘制风管”或“绘制软柔风管”，如图9-1所示。

（3）出现玫瑰色圆圈，单击鼠标左键绘制，如图9-2所示。

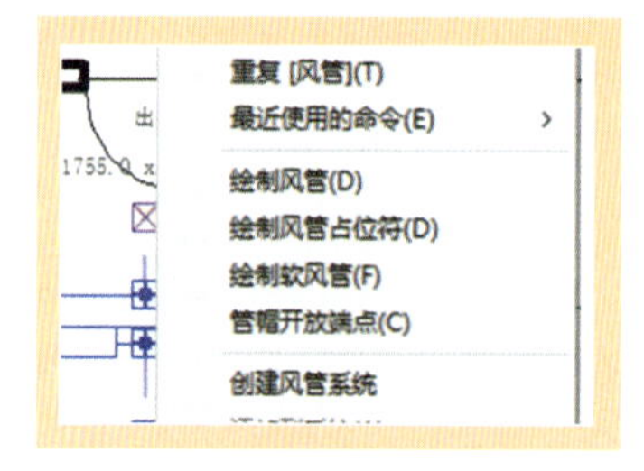

图 9-1 绘制风管（1）

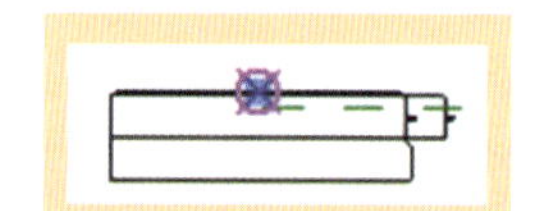

图 9-2 绘制风管（2）

9.2 项目分析

通风与空调工程的作用是为民用建筑、公用建筑、工业建筑与医疗、电子、交通、航天等领域，创建健康、舒适的空气环境，以及生产工艺所需的热湿环境、空气质量环境和声光环境。通风与空调工程一般包括送排风系统、防排烟系统、防尘系统、空调系统、净化空气系统、制冷设备系统、空调水系统七个子分部工程。本项目重点讲述送风系统的建模程序。

9.2.1 通风系统组成

通风系统的组成一般包括：进气处理设备，如空气过滤设备、热湿处理设备和空气净化设备等；送风机或排风机；风道系统，如风管、送风口、排风口、排气罩等；工厂还有排气处理设备，如除尘器、有害气体净化设备、风帽等。

9.2.2 空调系统分类与组成

空调系统可分为集中式空调系统、半集中式空调系统和局部式空调系统三种。

（1）集中式空调系统。集中式空调系统是将空气处理设备（如加热器与冷却器或喷水室、过滤器、风机、水泵等）集中设置在专用机房内。其系统一般由空气处理设备、冷冻（热）水系统（组成类同于热水采暖系统）和空气系统（组成类同于机械通风系统）组成。

（2）半集中式空调系统。半集中式空调系统是一种空气系统与冷冻（热）水系统的有机组合。其主要由冷水机组、锅炉或热水机组、水泵及其管路系统、风机盘管、新风系统等组成。空调水系统是直接进入空调房间对室内空气进行热湿处理，而空气系统主要负担新风负荷。

（3）局部式空调系统。局部式空调系统是将冷热源、空气处理、风机、自动控制等装备在一起，组成空调机组，由厂家定型生产，现场安装，只供小面积房间或少数房间局部使用，如窗式空调机、分体式空调机、柜式空调机等。

9.2.3 送风系统的设计流程

（1）确定风机的位置。

（2）按2～4 m间距（靠墙壁小于2 m）均匀布置风口，风口一般分为以下四种：

1）侧送风类风口：气流沿送风口轴线方向送出，安装于室内侧墙或风管侧壁上，适用于宾馆客房。按风口形式可将其分为格栅送风口、单层百叶送风口、双层百叶送风口、条缝送风口。

2）散流器：气流为辐射状向四周扩散。按风口形式可将其分为方形散流器、圆形散流器、圆盘形散流器。它通常装于房间顶棚上，空气下送时，能以较小风量供给较大的地面面积。

3）喷射式风口：送风噪声低且射程长，适用于大空间建筑。

4）孔板送风口：送风均匀，气流速度衰减快，噪声小，适用于要求工作区气流均匀、区域温差较小的房间和车间。

（3）将风口用风管连接，根据均匀送风的原则，按面积等于风量除以风速计算各段风管截面面积，并确定各段风管截面规格。

1）通风工程系统的风量选择。确定通风工程系统房间所需要的风量有两种方法：一是按每人每小时需要的新风量计算；二是按换气次数计算。

①按每人每小时需要的新风量计算。其是根据室内经常活动的人数来确定需要的风量，国家规定每人不小于30 m^3的新风量。例如，一个家庭4口人，房间每小时所需要的风量就是不低于120 m^3，每秒约33 L。

②按换气次数计算。一般来说，家庭住宅换气次数在每小时1～2次，公共场所因为人流大，换气次数一般选择每小时3～5次，具体参见《民用建筑供暖通风与空气调节设计规范》（GB 50736—2012）的相关要求。

对于特殊行业，如医院的手术室、特护病房、试验室和工厂的车间等，须按照国家相关规范的要求，确定通风工程系统所需要的新风量。

2）通风工程系统的风压选择。通风工程系统的风压取决于通风管道的长度与阻力大小，管道越长，需要的风压越大。

一台新风换气机只负责一层楼面所需的新风量，不能一台新风换气机负责两个或者两个以上的楼层。否则的话，通风管道太长，风阻太大，风损大，费用高，工程量大，得不偿失。

3）风管截面选择。风管截面根据每个风口的风量除以流速后得到的截面面积来选择风口尺寸。

根据给定风量和选定流速（见表9-1），计算管道断面尺寸$a \times b$，并使其符合低压风管尺寸规定，选择通风管道规格。再用规格化的断面尺寸和风量，计算出风道内实际流速。

表 9-1　参考选定风速　　m/s

部位	低速风管风速						高速风管风速	
	推荐			最大			推荐	最大
	居住	公共	工业	居住	公共	工业	一般建筑	
新风入口	2.5	2.5	2.5	4.0	4.5	6	3	5
风机入口	3.5	4.0	5.0	4.5	5.0	7.0	8.5	16.5
风机出口	5 ~ 8	6.5 ~ 10	8 ~ 12	8.5	7.5 ~ 11	8.5 ~ 14	12.5	25
主风道	3.5 ~ 4.5	5 ~ 6.5	6 ~ 9	4 ~ 6	5.5 ~ 8	6.5 ~ 11	12.5	30
水平支风道	3.0	3.0 ~ 4.5	4 ~ 5	3.5 ~ 4	4.0 ~ 6.5	5 ~ 9	10	22.5
垂直支风道	2.5	3.0 ~ 3.5	4.0	3.25 ~ 4	4 ~ 6	5 ~ 8	10	22.5
送风口	1 ~ 2	1.5 ~ 3.5	3 ~ 4	2 ~ 3	3 ~ 5	3 ~ 5	4	—

9.3 项目实施

建立基于机电模板的项目

任务一　建立基于机电模板的项目

步骤1　利用机械样板建立新文件，命名为“学生宿舍-风”，如图9-3所示。使用好的机械样板可以省略很多载入族，所以十分重要。

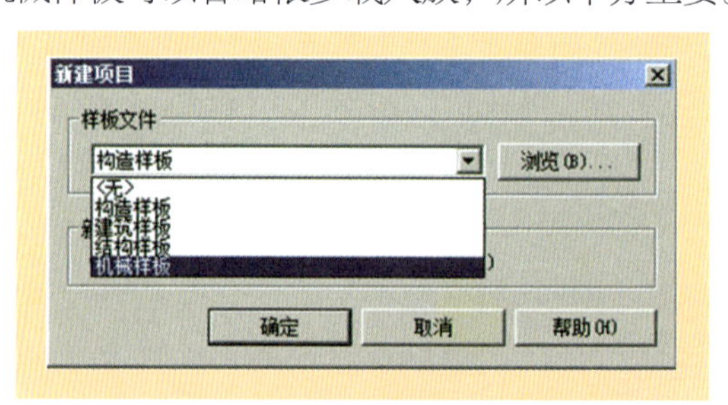

图 9-3　利用机械样板建立新文件

步骤2 导入链接Revit文件“学生宿舍-建筑”，建立标高与轴网，如图9-4所示。具体步骤参见第2篇。

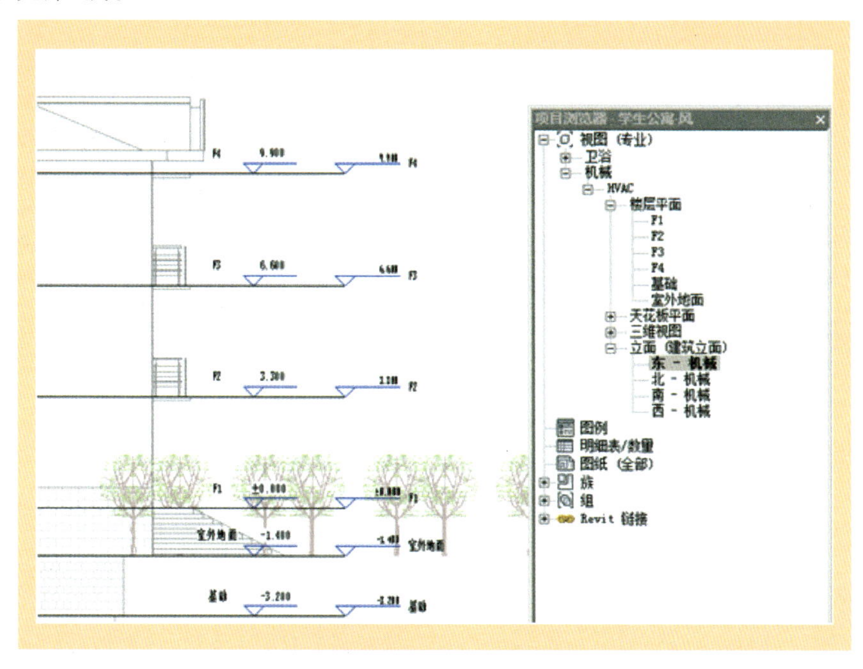

图 9-4 建立标高与轴网

任务二 设备导入、定位

步骤1 风管属性设置。

如果样板中设置完整，可忽略连接件的载入族步骤。

（1）单击“系统”→“HVAC”→“风管”命令，选择矩形风管，确认，如图9-5所示。

（2）在风管“属性”面板中单击“编辑类型”按钮，在弹出的“类型属性”对话框中单击“布管系统配置”→“编辑”→“矩形风管”，载入连接件，如图9-6所示。

设备导入、定位

步骤2 载入风机盘管，定位。

如果样板中已有合适风机盘管，可忽略风机盘管的载入族步骤。

（1）单击“系统”→“机械”→“机械设备”命令，系统提示需要载入族，选择“是”确认。

（2）单击“载入族”→“机电”→“空气调节”→“风机盘管”→“带回风箱的风机盘管-吊顶卧式暗装-底部回风”，在“属性”下拉列表中选择2380 CMH，如图9-7所示。观察类型属性如图9-8所示，其送风口宽度与送风口高度应与载入的送风口协调，风量应满足本层64人需要。

图 9-5　载入连接件

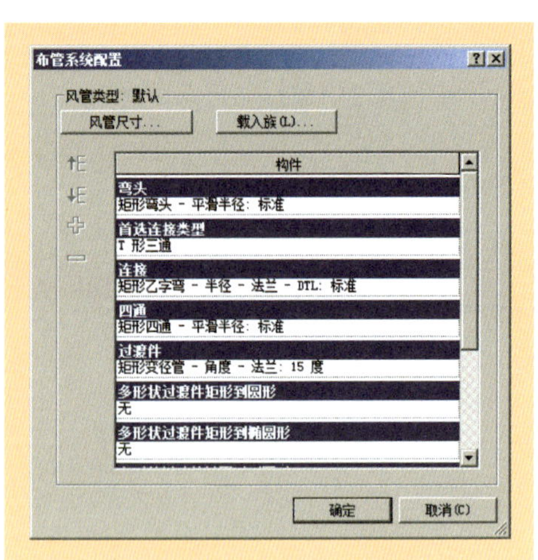

图 9-6　布管系统配置

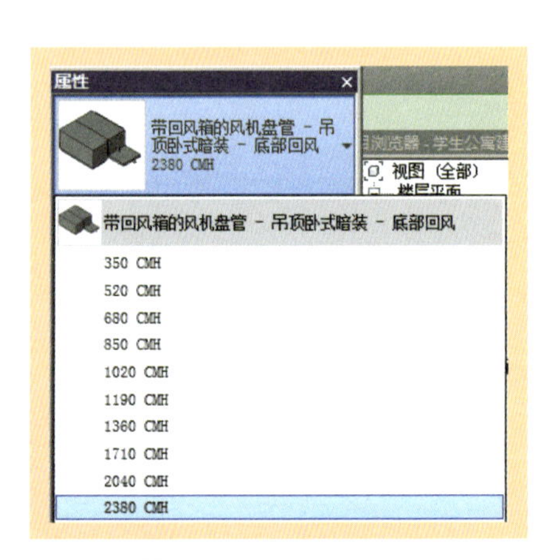

图 9-7　选择 2380 CHM

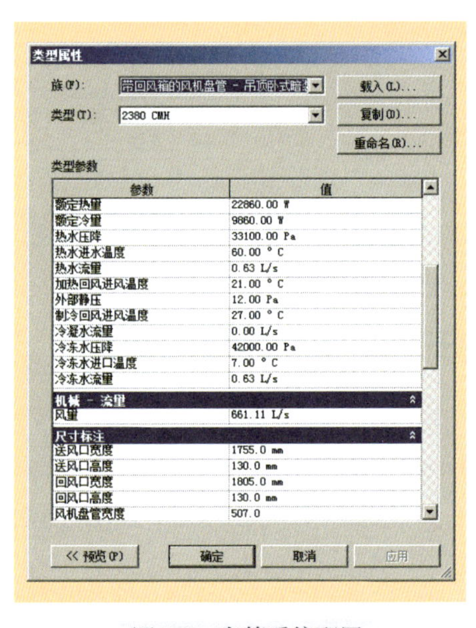

图 9-8　布管系统配置

步骤3　风道末端导入，设置属性。

（1）单击“系统”→“HVAC”→“风道末端”命令，系统将提示是否需要载入，单击确认或直接单击“插入”→“载入族”命令，如图9-9所示。

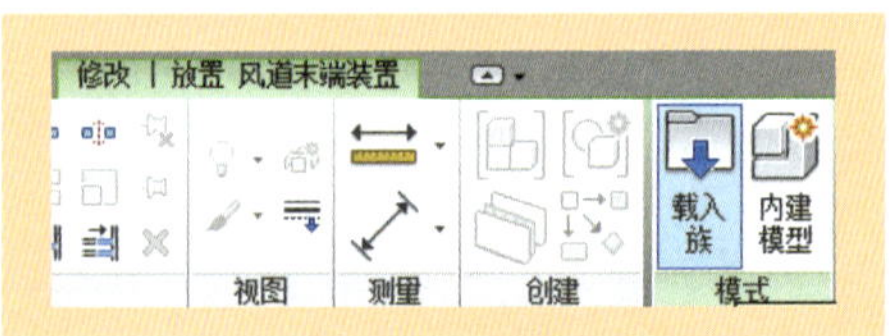

图 9-9　载入族

（2）单击“载入族”→“机械”→“风管附件”→“风口”→“送风口–矩形–单层–可调–侧装”，如图9-10所示。在弹出界面选择尺寸1 000 × 100。

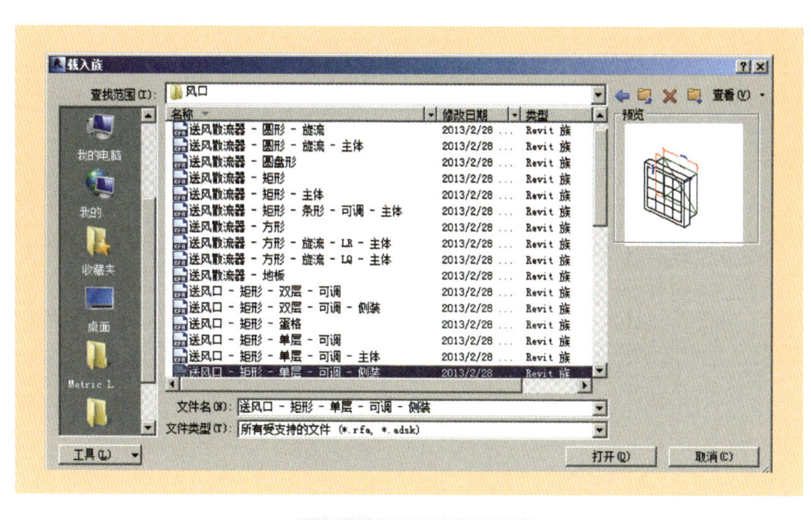

图 9-10　送风口载入

（3）在“属性”选项框中设置标高，再用“阵列”或“复制”命令安置送风口，定位如图9-11所示。

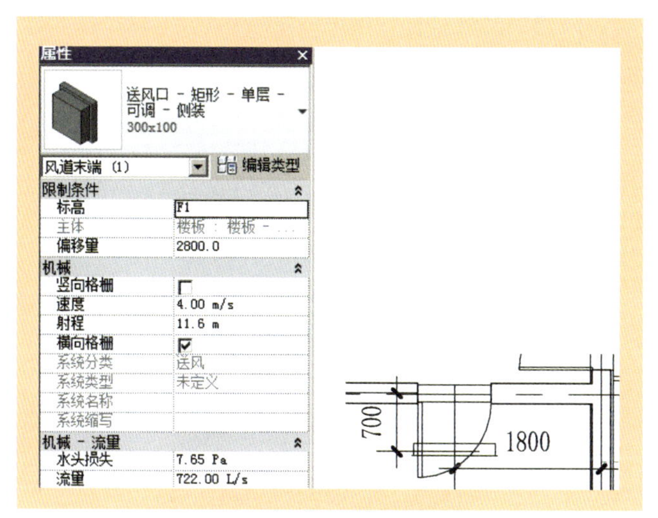

图 9-11　送风口定位

（4）风口定位完成效果，如图9-12所示。

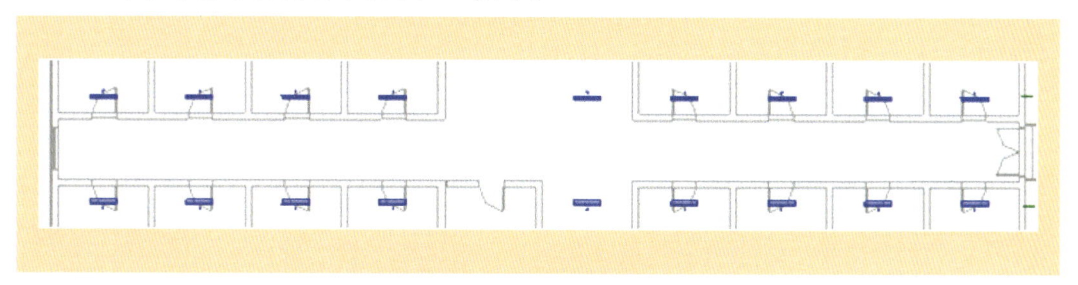

图 9-12　风口定位效果图

任务三　管道绘制

管道绘制

图 9-13　视图显示调至精细

步骤1　将视图显示调至精细，如图9-13所示。

步骤2　单击“系统”→“风管”，在第一个风口单击“出”处方框绘制风管，连接两个风口，风管尺寸自动变为1 000 × 100。

步骤3　依次绘制其他送风口风管与主风管，如图9-14所示。

步骤4　调节风机盘管偏移量如图9-15所示，连接风机盘管与主风管。

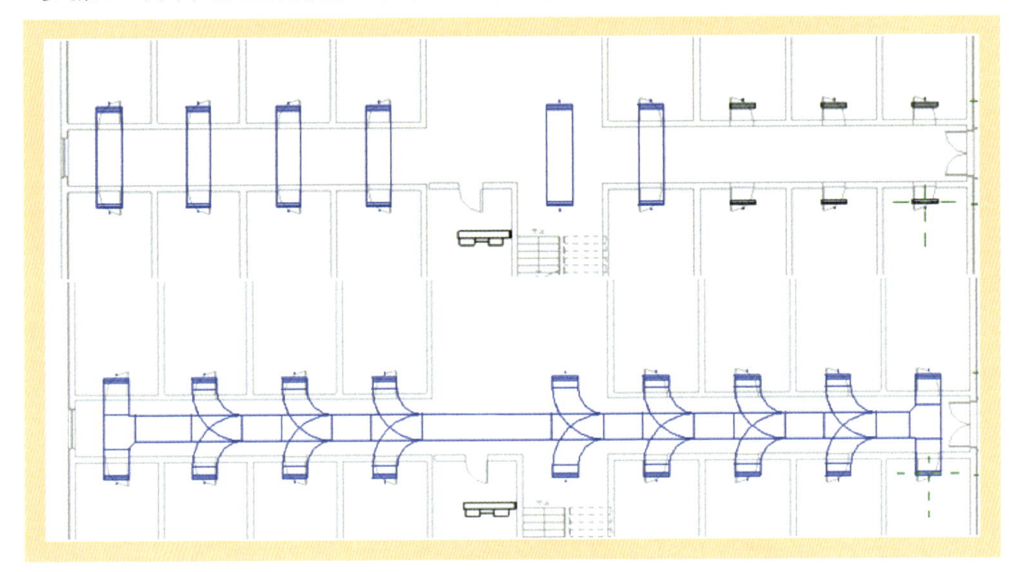
图 9-14　绘制风管

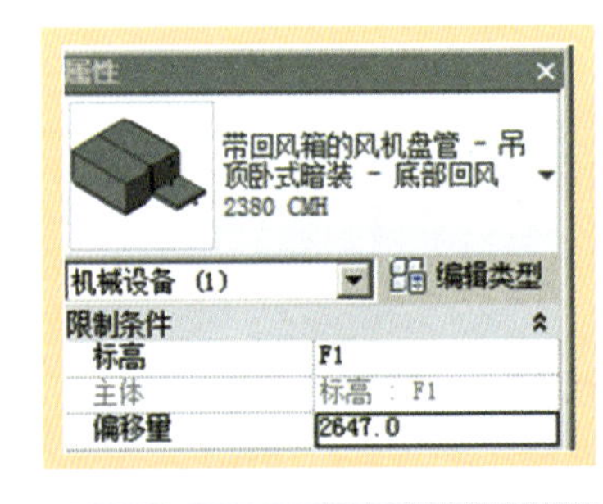

图 9-15　调节风机盘管偏移量

任务四　风系统检查

风系统检查

风系统绘制完毕后，可将光标放置在任意管道或构件处，按Tab键，如果系统中全部被虚框线选中，则证明此风系统连接无误，如

图9-16所示；也可单击“修改 | 风管”→“系统检查器”命令进行检查，如图9-17所示。

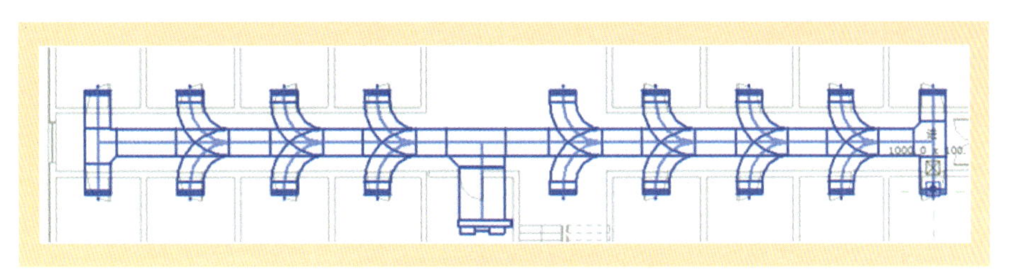

图 9-16　风系统检查（1）

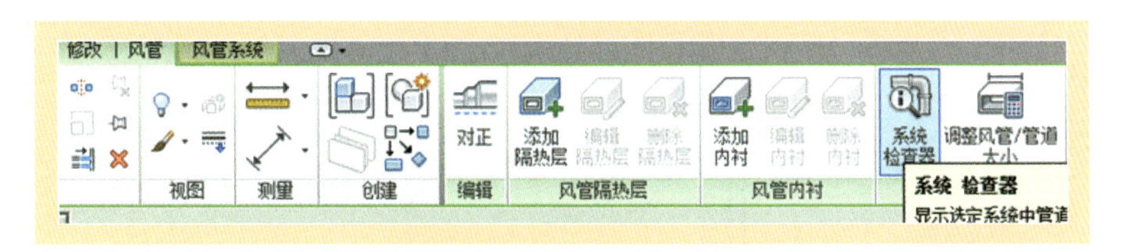

图 9-17　风系统检查（2）

9.4　项目拓展

自动布置风管

步骤1　选中任一送风末端，单击“系统-风管”，再单击“编辑风管系统”，进入系统设计界面，单击“添加到系统”按钮，然后单击所有风道末端，风道末端颜色改变，提示单元数也随之增加，如图9-18所示。

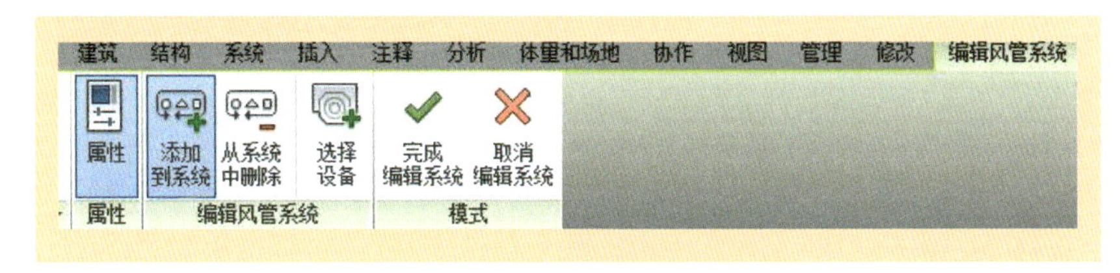

图 9-18　添加到系统

步骤2　单击“编辑风管系统”→“选择设备”，系统自动切换到“修改|风管系统”→“系统工具”→“选择设备”，将风机盘管等设备添加到送风系统中。单击“√”完成编辑系统，如图9-19所示。

步骤3　单击“修改 | 机械设备”→“生成布局”，软件会自动提供几个布局方案以供选择，经过观察选择合适的布管方案，如图9-20和图9-21所示。

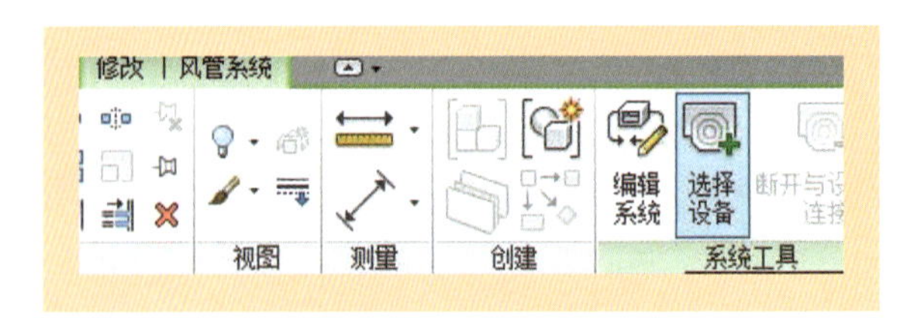

图 9-19　添加机械设备

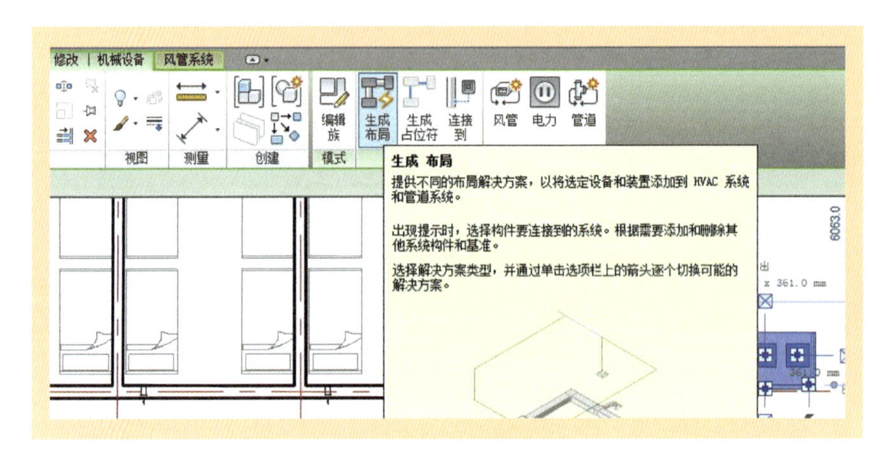

图 9-20　生成布局

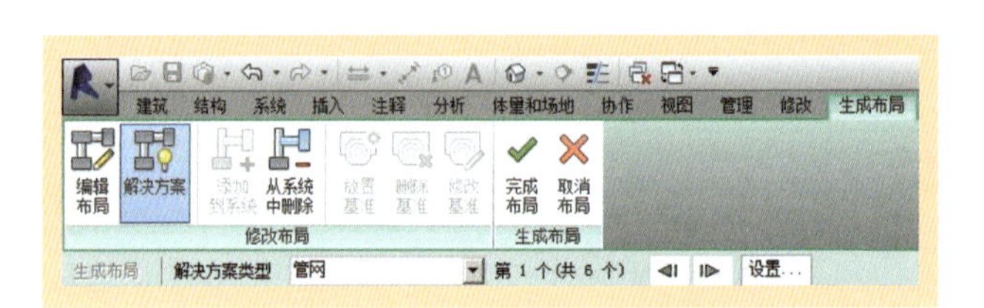

图 9-21　选择合适的布管方案

9.5　1+X 拓展练习

首层通风模型

（1）根据图9-22创建建筑模型，建筑每层高 4m，位于首层，建筑模型包括轴网、墙体、门、窗等相关构件。其中未注明的墙厚均为240 mm，窗距地面900 mm，要求尺寸和位置准确。

（2）根据图9-22创建“首层通风模型”，风管中心对齐，风管中心标高为3.4 m，风口类型可自行确定。

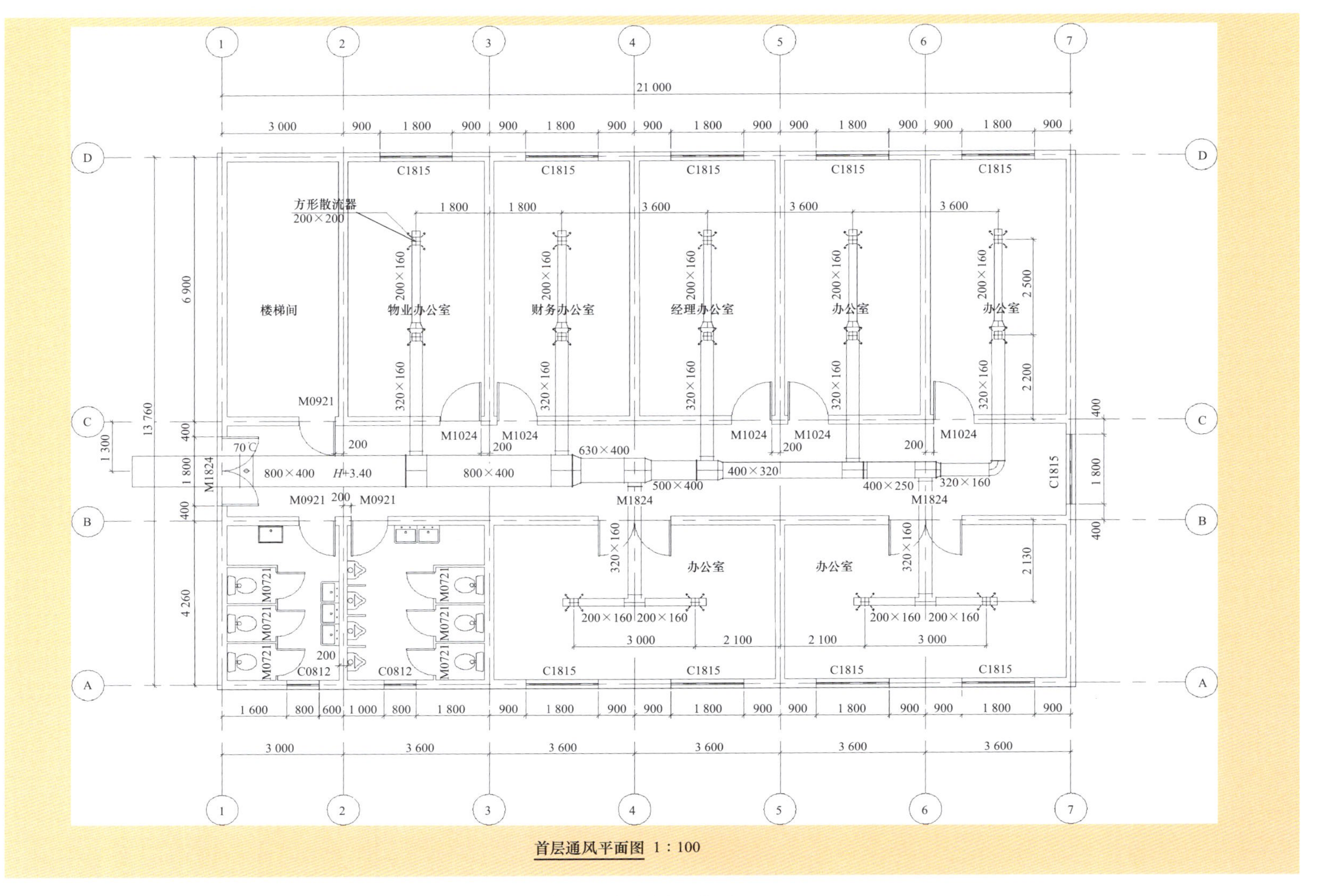

图 9-22 首层通风平面图

项目十 排水系统

10.1 项目说明

（1）首先，设置水管属性，水管的连接件载入时一定要与管材吻合；否则，管道绘制时无法自动连接。

（2）一般排水系统的管道不通过布局生成，绘制完成后通过布局优化。

10.2 项目分析

建筑室内给水排水系统是机电建模的一个重要部分。本项目只介绍排水系统的建模过程，给水系统的建模过程与其类似。建筑室内给水排水系统包括建筑室内给水系统（图10-1）与建筑室内排水系统（图10-2）两个部分。

10.3 项目实施

使用以机械样板建立的项目进行排水系统的设计。直接绘制水管的方法与绘制风管的方法相同，主要注意水管的坡度设置。

任务一 建立基于机电模板的水项目

建立基于机电模板的水项目

步骤1 利用机械样板建立新文件，命名为“学生宿舍-水”。

步骤2 导入链接Revit文件“学生宿舍-建筑”，建立轴网步骤参见本书第2篇。

任务二 机械设备导入、安置

机械设备导入、安置

步骤1 卫浴装置的载入、定位。

（1）单击“系统”→“卫浴和管道”→“卫浴装置”，系统将提示是否需要载入族，选择“是”确认。

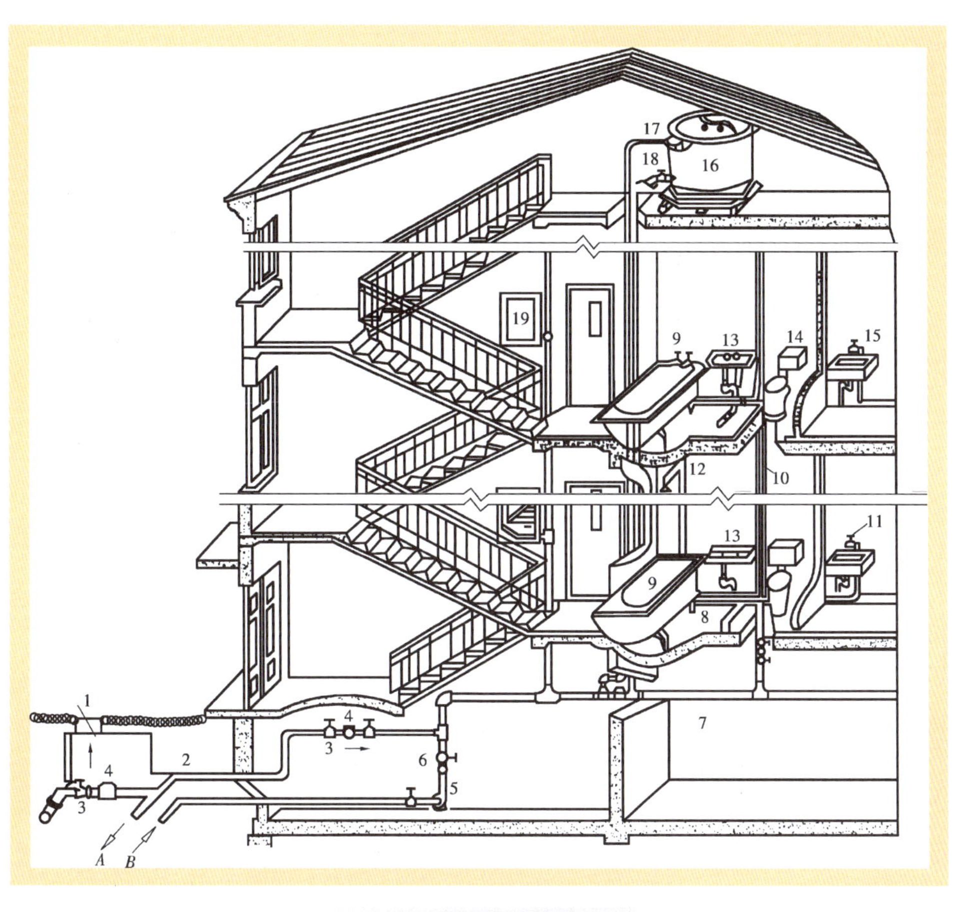

图 10-1　建筑室内给水系统

1—阀门井；2—引入管；3—闸阀；4—水表；5—水泵；6—止回阀；7—干管；8—支管；9—浴盆；10—立管；11—水龙头；12—淋浴器；13—洗脸盆；14—大便器；15—洗涤盆；16—水箱；17—进水管；18—出水管；19—消火栓；*A*—入储水池；*B*—来自储水池

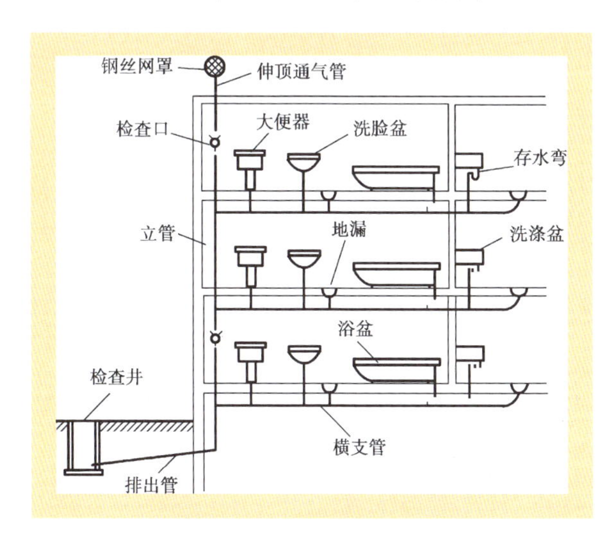

图 10-2　建筑室内排水系统

（2）单击“载入族”→“机电”→“卫生器具”→“大便器”→“坐便器-冲洗水箱”，安装于卫生间，可利用空格键调整方向，如图10-3所示。

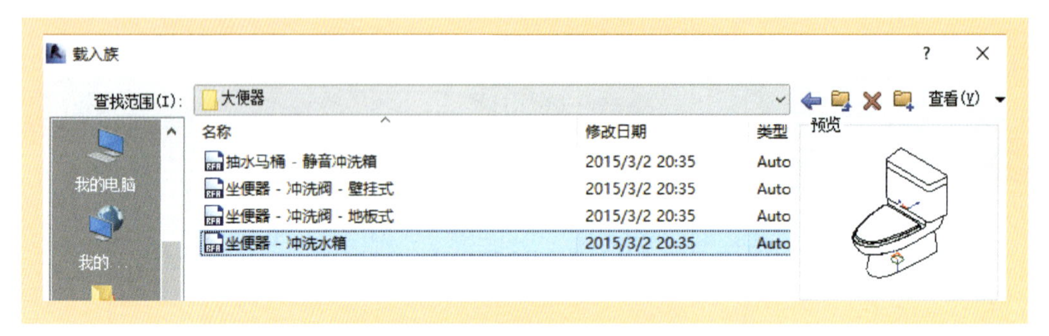

图 10-3　坐便器 - 冲洗水箱载入

（3）单击“载入族”→“机电”→“卫生器具”→“洗脸盆”→“洗脸盆-梳洗台”，安装于卫生间，可利用空格键调整方向，如图10-4所示。

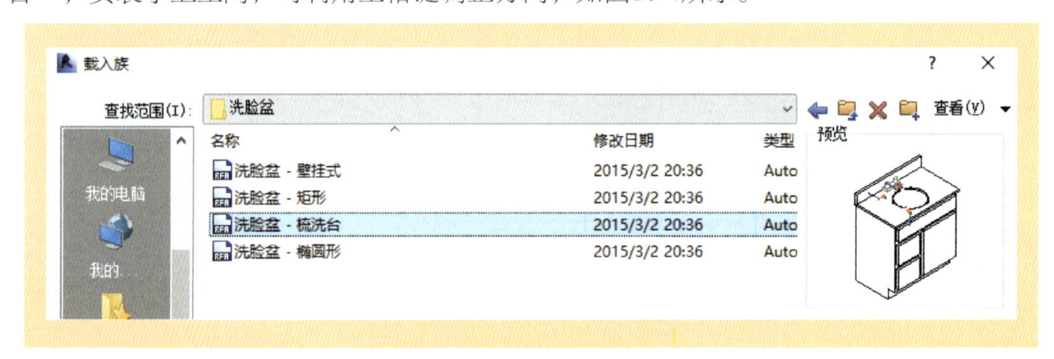

图 10-4　洗脸盆 - 梳洗台载入

步骤2　地漏的载入、定位。

（1）单击“系统”→“卫浴和管道”→“管路附件”，系统将提示是否需要载入族，选择“是”确认。

（2）单击“载入族”→“机电”→“给水排水附件”→“地漏”→“地漏带水封-圆形-PVC-U”，安装于卫生间，可利用临时尺寸调整位置，如图10-5所示。

图 10-5　地漏载入

步骤3 水管属性设置。

水管的设置与风管基本一样，如果样板中设置完整，可忽略连接件的载入族步骤。

（1）单击“系统”→“卫浴和管道”→“管道”，选择PVC-U排水管，确认为“卫生设备”。

（2）如有需要在风管“属性”面板中单击“编辑类型”，在弹出的“类型属性”对话框中单击“布管系统配置”后的“编辑”按钮，为“PVC-U-排水”载入连接件，应全部使用同类PVC-U连接件，如图10-6所示。

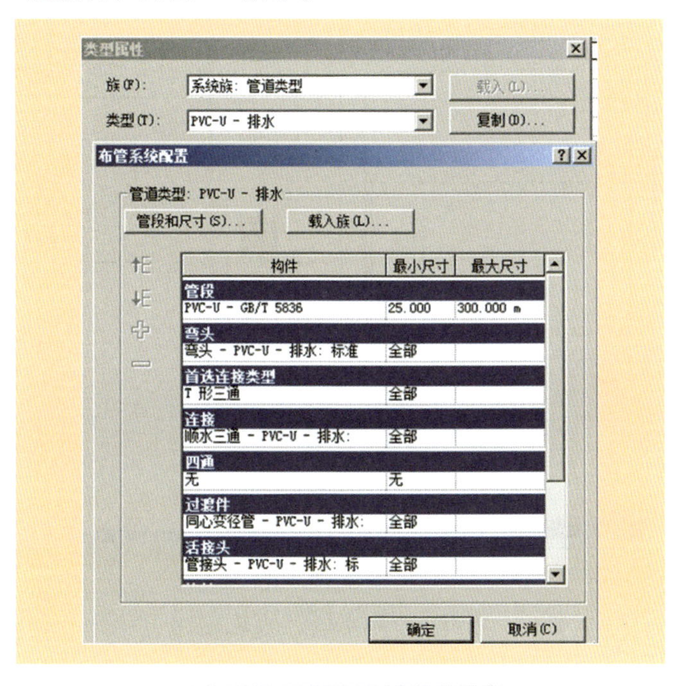

图 10-6 PVC-U 连接件载入

任务三 水系统设计

水系统设计

步骤1 绘制立管。

绘制立管有以下两种方法：

方法一：利用“剖面”命令，在剖面上绘制，如图10-7所示。

方法二：利用偏移量绘制。

（1）单击“系统”→“卫浴和管道”→“管道”，定义管道系统为“污水系统”，管径为100，进入管道绘制模式。

（2）在“偏移量”框中输入“-1 400 mm”，在F1楼层平面上单击要绘制的管的中心（可使用参照平面），然后在偏移量框中输入“10 400 mm”，单击“应用”按钮管道即绘制成功，如图10-8所示。

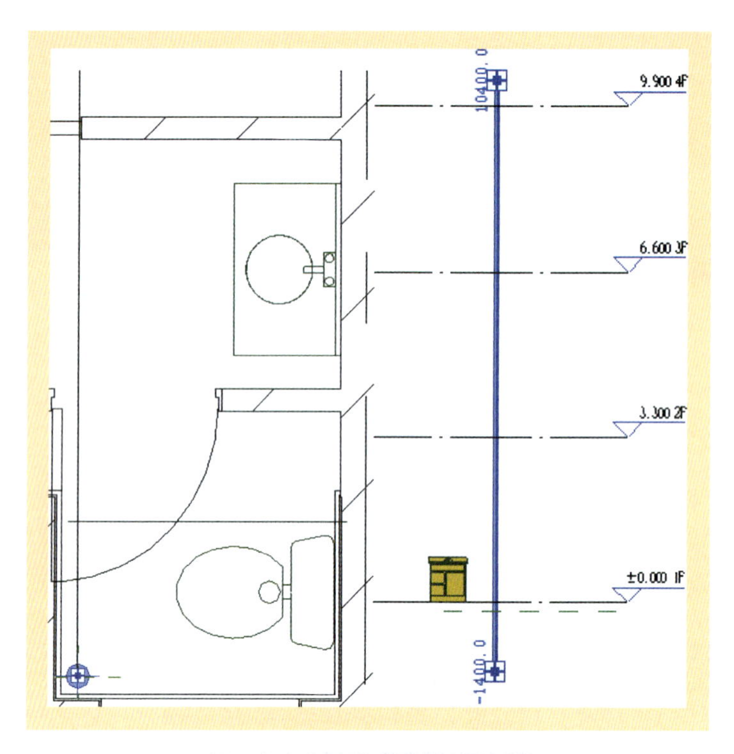

图 10-7　绘制立管（方法一）

图 10-8　绘制立管（方法二）

步骤2　绘制横支管。

（1）为了看到板下的管，调整视图为“线框”，如图10-9所示。

（2）勾选“自动连接”“继承高程”，选择向上坡度为2%，如图10-10所示。

（3）靠近马桶的一段直径为100，靠近洗脸盆的一段为45，看到蓝色虚线停止绘制，如图10-11所示。

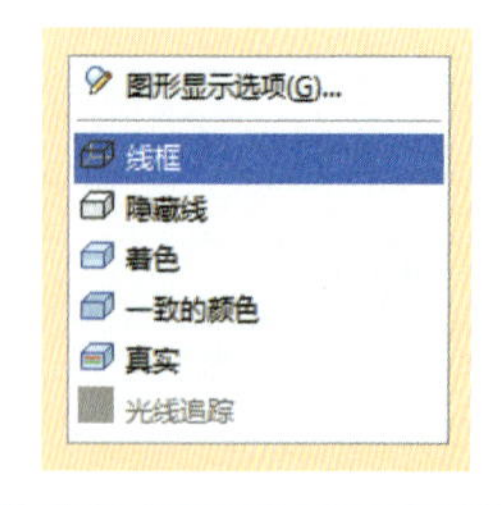

图 10-9　调整视图为“线框”

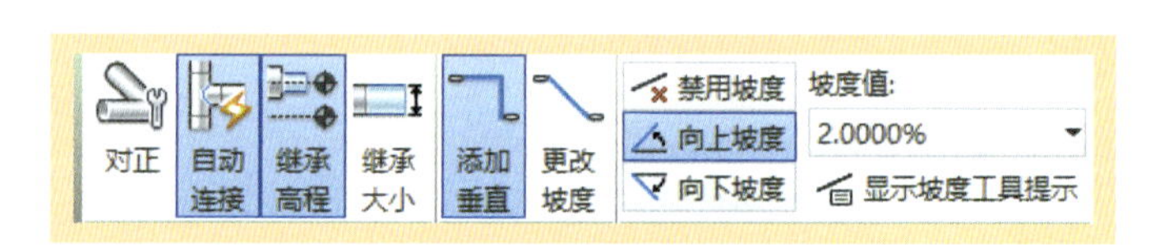

图 10-10　勾选参数

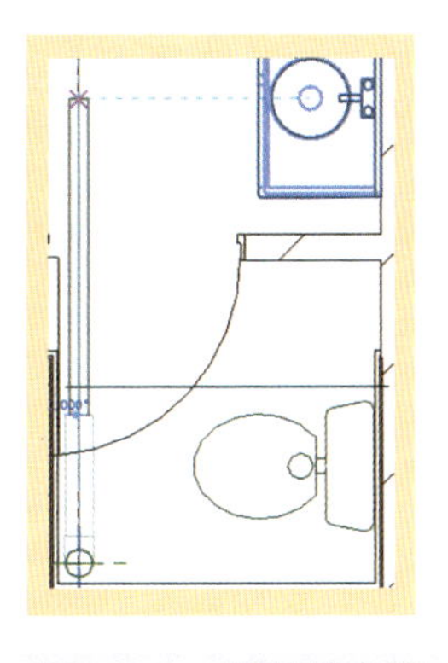

图 10-11　绘制横支管

步骤3　连接卫浴装置与横支管。

（1）单击马桶，看到出口创建管道标志，单击“连接到”命令，如图10-12所示。

（2）弹出“选择连接件”对话框，选择“连接件2：卫生设备：圆形：100：出”，单击“确定”按钮，如图10-13所示。

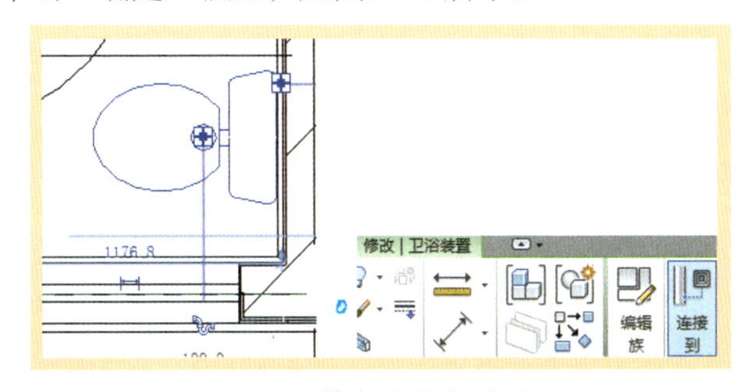

图 10-12　连接到工具

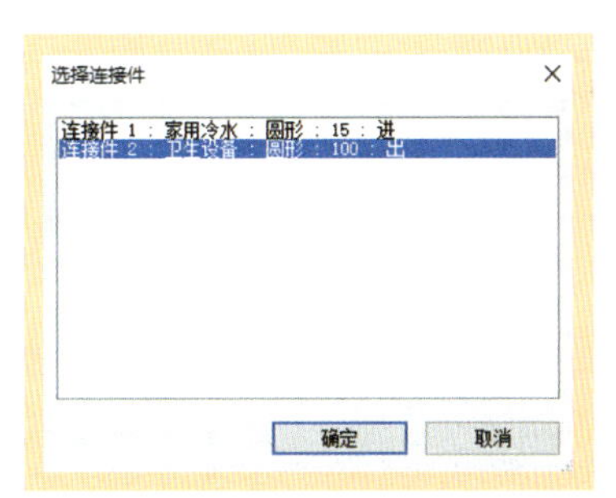

图 10-13　选择连接件

（3）移动光标至横管上，单击蓝色管道，管道连接如图10-14所示。

（4）同理连接洗脸盆，连接效果如图10-15所示。

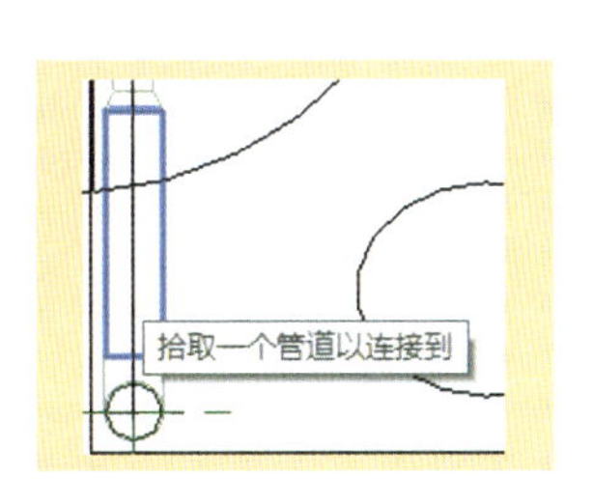

图 10-14　连接管道

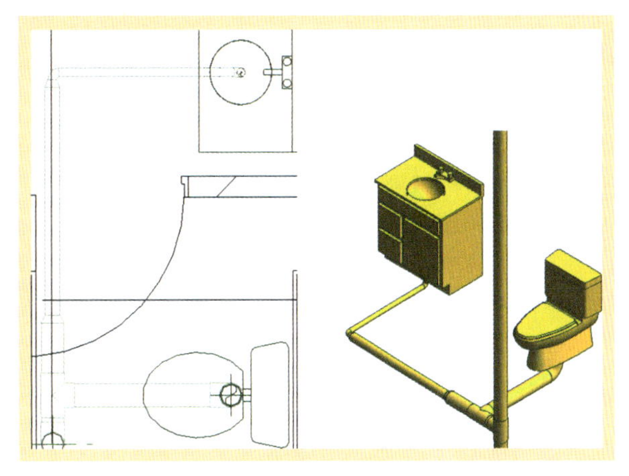

图 10-15　位于装置与横支管连接效果图

（5）转到立面上将地漏附着于排水管，如图10-16所示。

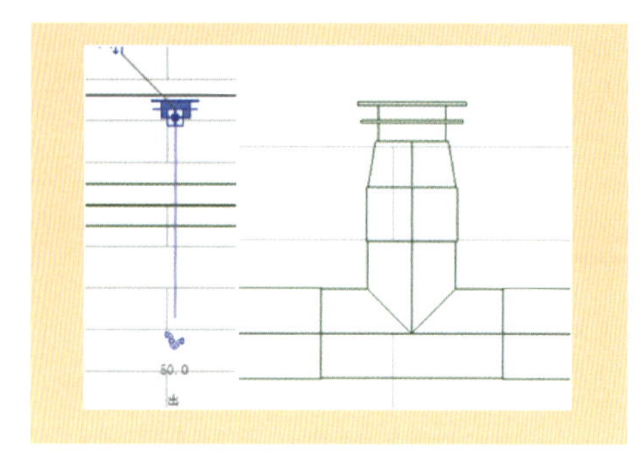

图 10-16 地漏附着于排水管

步骤4 加上存水弯（水封效果好时，可以不加）。

（1）删除马桶下的连接件。

（2）载入“P型存水弯-PVC-U-排水”，如图10-17所示，替代删除的连接件。

（3）完成效果如图10-18所示。

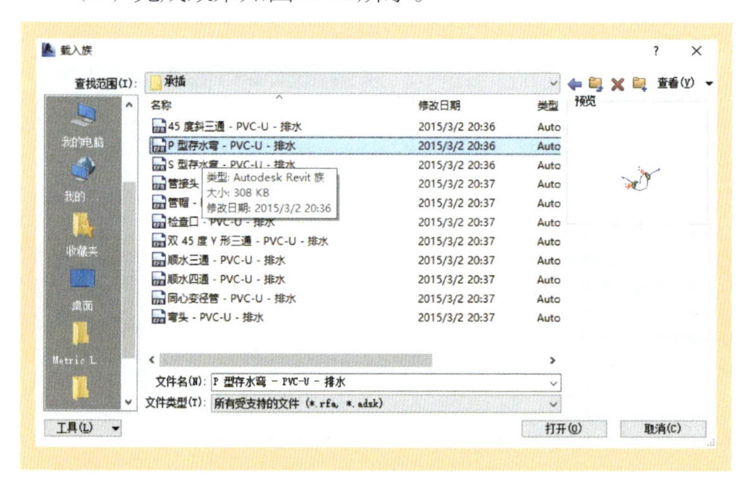

图 10-17 载入 P 型存水弯

图 10-18 存水弯效果

10.4 1+X 拓展练习

根据图10-19创建“首层卫生间模型”，要求布置坐便器、小便斗、洗手盆、拖布池、地漏和隔板，洁具型号自定义，位置摆放合理，将洁具和管道进行连接，管道尺寸及高程按图中要求。

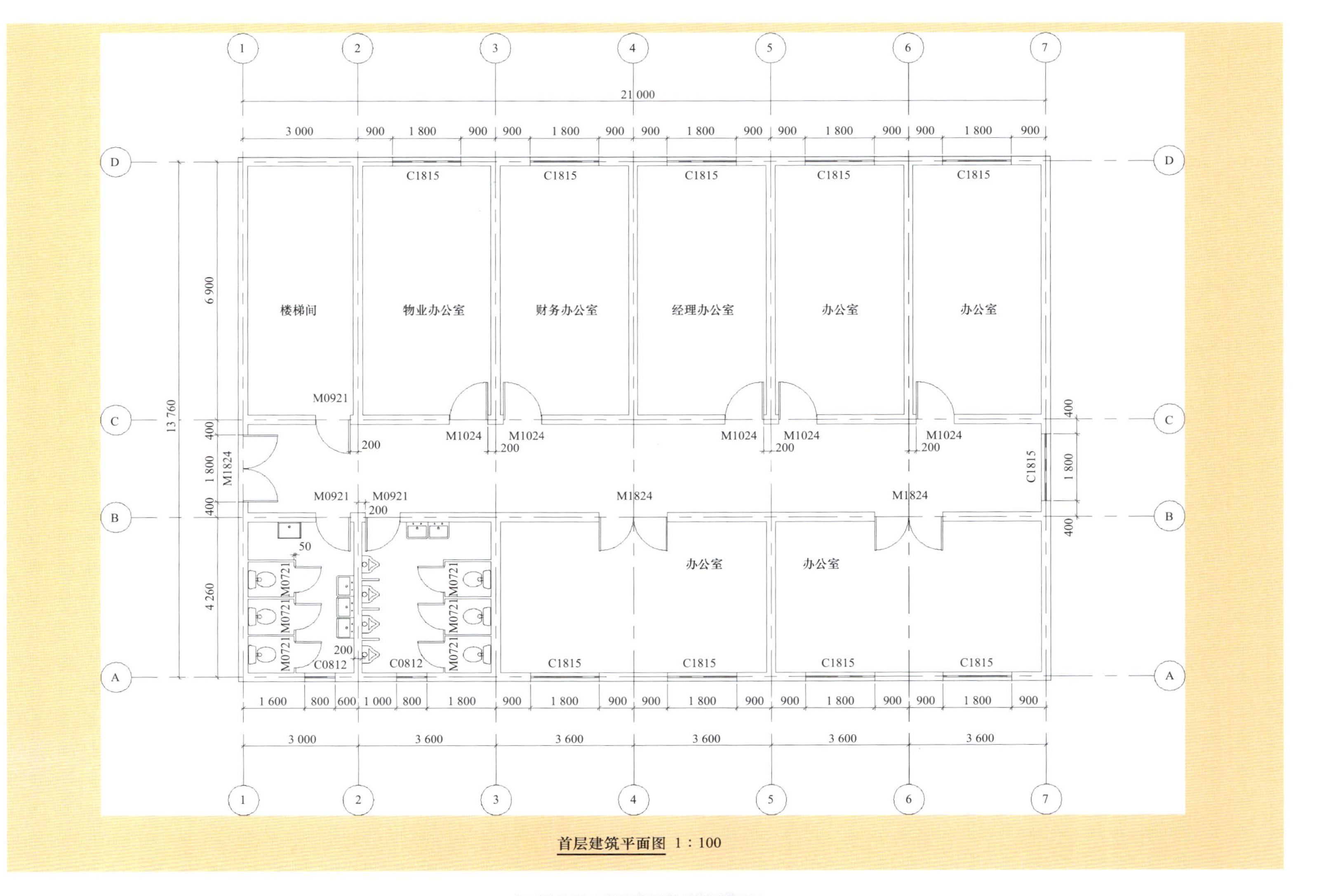

图 10-19　首层建筑平面图

项目十一　建筑供电系统

11.1　项目说明

（1）照明系统中的天花板平面有利于灯的放置。

（2）配电箱是整个系统的核心，参数一定要正确，才会生成正确的系统。

（3）电线线路可以依据实况铺设，所以弧形或直线线路一般不表达真实电线走向。

11.2　项目分析

11.2.1　建筑供电系统构成

建筑供电系统一般包括照明系统、消防系统、弱电系统、防雷及接地系统，还有给其他专业如给水排水、暖通的设备供电系统。

11.2.2　建筑供电系统设计

在Revit电气系统设计上，使用追踪线路荷载、连接元件与线路长度使失误最小化。定义电线的种类、电压范围、供电分布系统和需求系数协助设计的电气系统的兼容能力，防止过载与电压错误。馈线与配电盘系统，计算预估的荷载需求，从设计中直接快速有效地决定设备容量。利用线路分析工具，立即可以精确计算出总荷载。建筑供电系统的设计一般流程如下：

（1）照明系统：确定照明种类、灯具形式、照度标准；确定应急照明电源形式；确定照明线路型号的选择及敷设方式。绘制照明灯具（包括应急照明及疏散照明）平面布置图，可以不连线。

（2）消防系统：依据《火灾自动报警系统设计规范》（GB 50116—2013）确定该项目的消防保护等级；绘制消防系统图；绘制消防布点平面图。

（3）弱电系统：依据业主对建筑项目智能化程度的设想，确定各弱电系统的构成形式；绘制各系统原理图；确定各弱电主机房位置及面积；确定弱电主要敷设路由。

（4）防雷及接地系统：确定防雷等级，校审时提供防雷等级计算书。

（5）其他专业的设备供电系统：给水排水设备供电系统设计；暖通设备供电系统设计。

11.3 项目实施

任务一　建立基于机电模板的电项目

步骤1　利用机械样板建立新文件，命名为“学生宿舍-电”。

步骤2　导入链接Revit文件“学生宿舍-建筑”，建立标高与轴网步骤参见第2篇。

步骤3　建立楼层平面及天花板平面，将天花板平面放于照明项下，如图11-1所示。

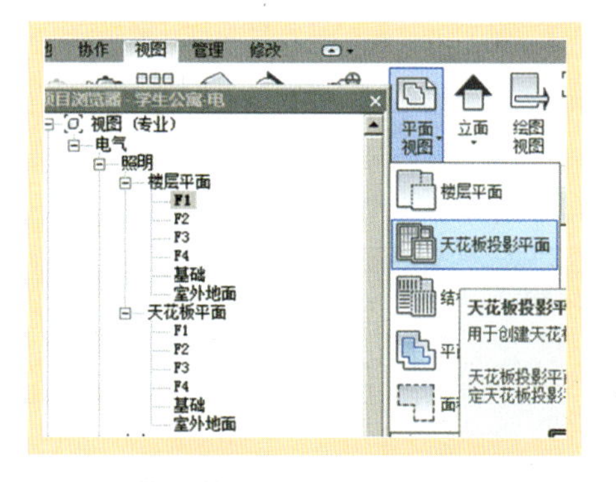

图 11-1　建立天花板平面

建立基于机电模板的电项目

任务二　照明设备的载入、定位与属性设置

照明设备的载入、定位与属性设置

步骤1　照明设备末端的载入、定位与属性设置，如图11-2和图11-3所示。

步骤2　在立面观察灯的定位，予以调整，如图11-4所示。

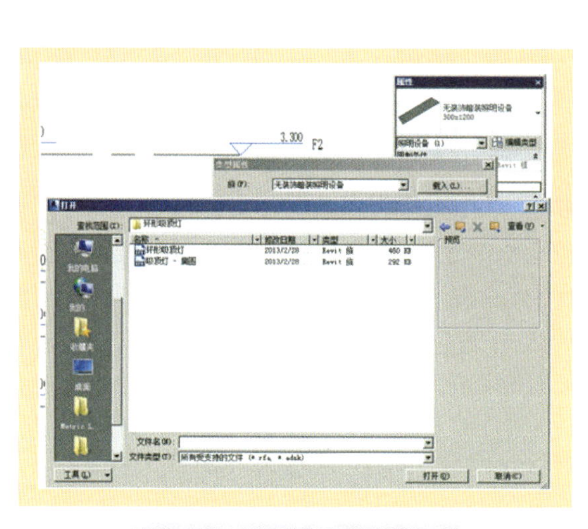

图 11-2　照明设备末端载入、定位与属性设置（1）

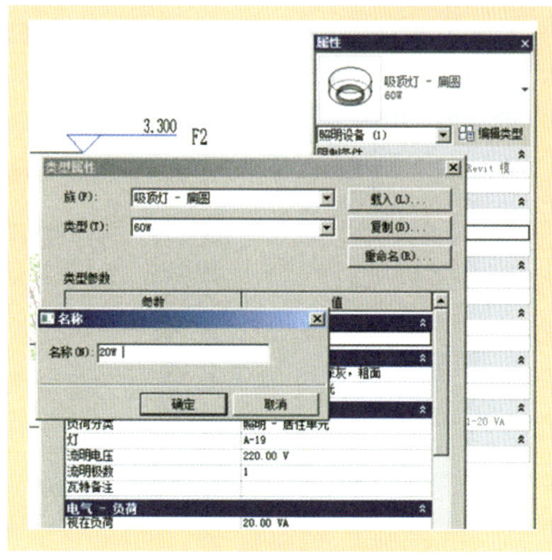

图 11-3　照明设备末端载入、定位与属性设置（2）

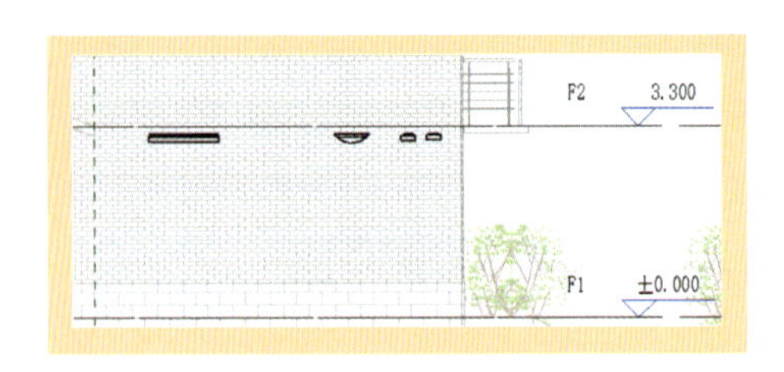

图 11-4　调整灯的定位

电气设备的载入、定位与属性设置

任务三　电气设备的载入、定位与属性设置

步骤1　打开F1楼层平面，调整视图范围至看见灯具，如图11-5所示。

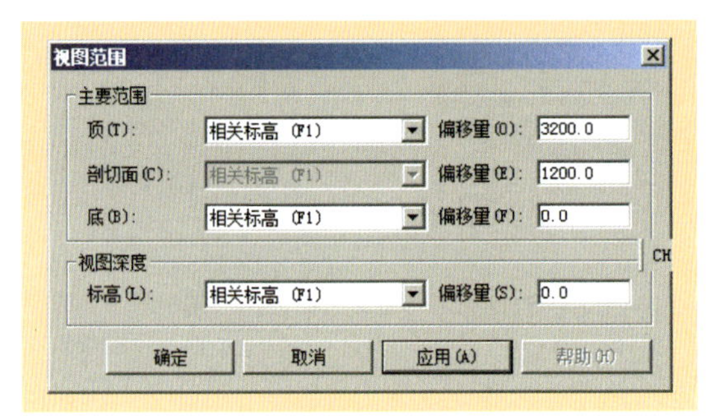

图 11-5　调整视图范围

步骤2　开关的载入、安置。

（1）单击“载入族”→“机电”→“供配电”→“配电设备”→“终端”→“开关”→“单联开关—暗装”，如图11-6所示，安装于卫生间、房间，可利用空格键调整方向。

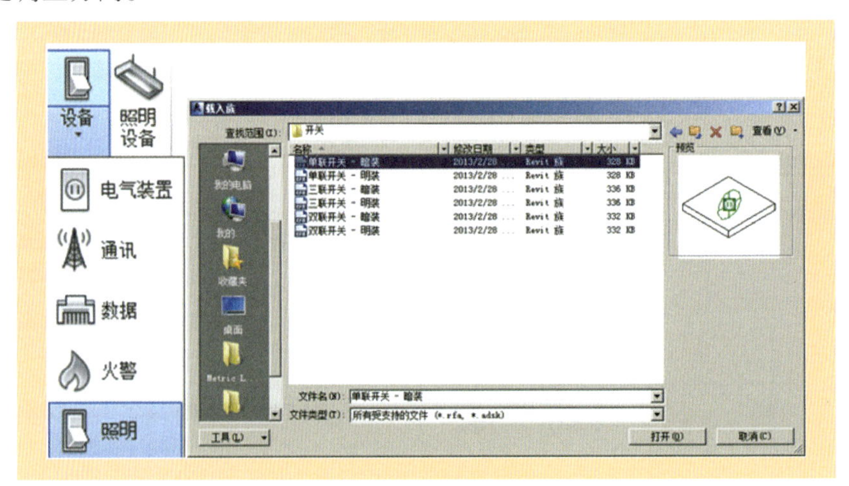

图 11-6　载入开关

（2）单击灯具，为灯具指定对应开关，如图11-7所示。

步骤3 插座的载入、安置。

（1）单击“系统”→“电气”→“电气设备”，出现“修改 | 放置设备”界面，如图11-8所示。

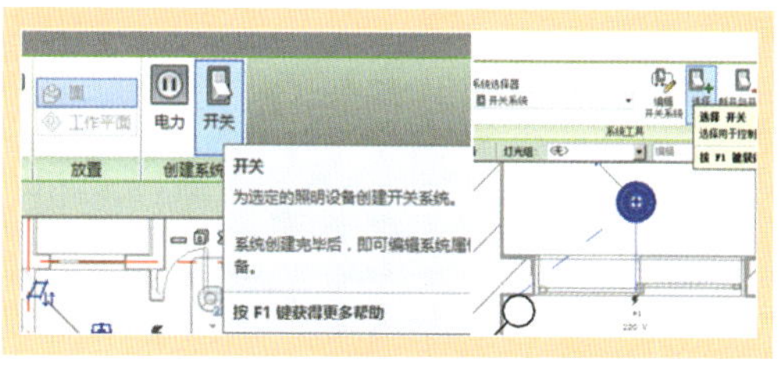

图 11-7 为灯具指定对应开关

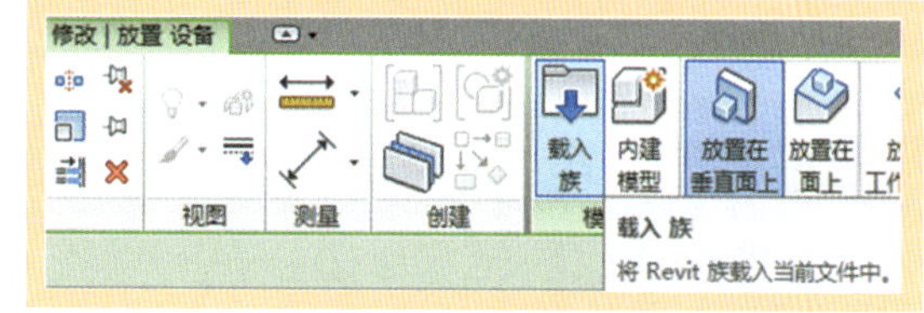

图 11-8 载入族

（2）单击“载入族”→“机电”→“供配电”→“配电设备”→“终端”→“插座”→“单相插座-暗装”，如图11-9所示，安装于房间，可利用空格键调整方向。

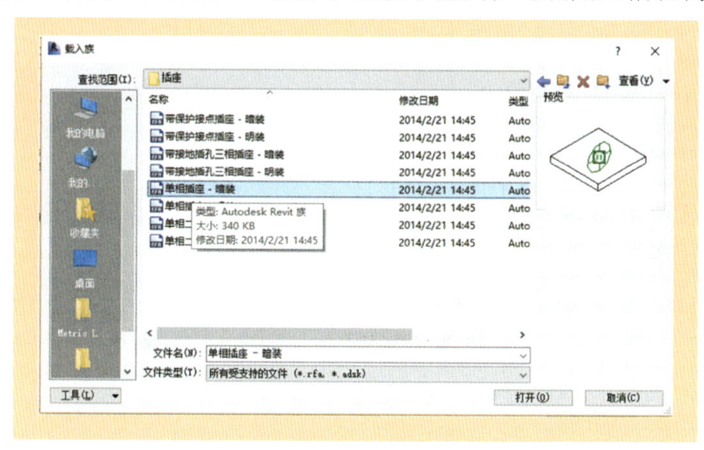

图 11-9 载入插座

步骤4 照明配电箱的载入、安置。

（1）单击“系统”→“电气”→“电气设备”，系统将提示是否需要载入族，选择“是”确认。

（2）单击“载入族”→“机电”→“供配电”→“配电设备”→“箱柜”—“照明配电箱-暗装”，如图11-10所示，安装于设备间，可利用空格键调整方向。

（3）单击配电箱，在“属性”列表中输入“配电盘名称”为

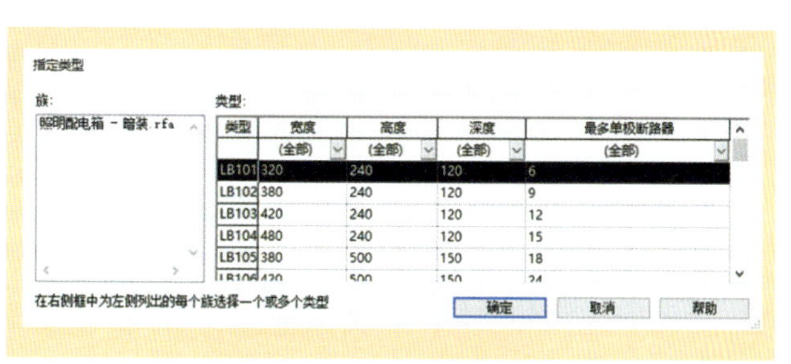

图 11-10 载入 PC 柜

“照明”，选择“线路命名”为“带前缀”，输入“线路前缀分隔符”为“--”，输入“线路前缀”为L，如图11-11所示。

（4）单击照明配电箱，在“属性”中可修改设备放置高度，也可以修改该设备所具有的其他参数，单击“确定”按钮关闭对话框。在平面视图中，将照明配电箱放置在所需位置，即完成对各照明配电箱的载入及平面、立面的定位。

图 11-11　照明配电箱属性图

任务四　电力系统

步骤1　单击任一灯具，单击“电力”命令为线路选择配电盘，如图11-12所示。此时系统将自动出现“电路”选择卡。

电力系统

步骤2　在选项栏中单击“电路”→“编辑线路”，在“编辑线路”界面中，单击“添加到线路”命令，鼠标出现小加号光标，依次单击房间内所有灯具、开关，单击“√”完成编辑线路，如图11-13所示。

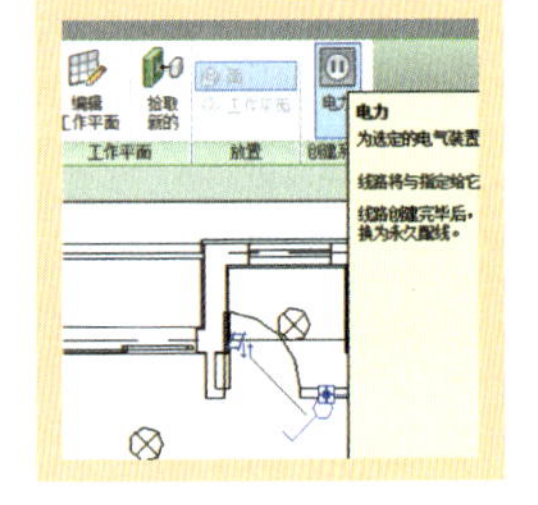

图 11-12　为线路选择配电盘

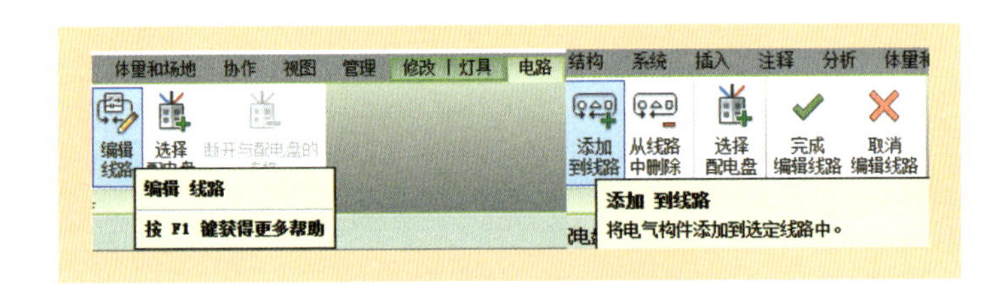

图 11-13　编辑线路

步骤3　将光标移动至某个元件，使其亮显，按Tab键，显示暂时的线路。单击选择线路，单击选项栏中“弧形导线”选择弧形配线，完成布局，如图11-14所示。

步骤4　单击任一插座，单击“电力”按钮为线路选择配电箱。

步骤5　在选项栏中单击“电路”→“编辑线路”，在“编辑线路”界面中，单击“添加到线路”命令，鼠标出现小加号光标，依次单击房间内所有开关，单击“√”完成编辑线路L-2。

步骤6　将光标移动至某个元件，使其亮显，显示暂时的线路，如图11-15所示。按Tab键，线路变粗后如图11-16所示。单击选择线路，再单击“弧形导线”选择弧形配线，完成布局。

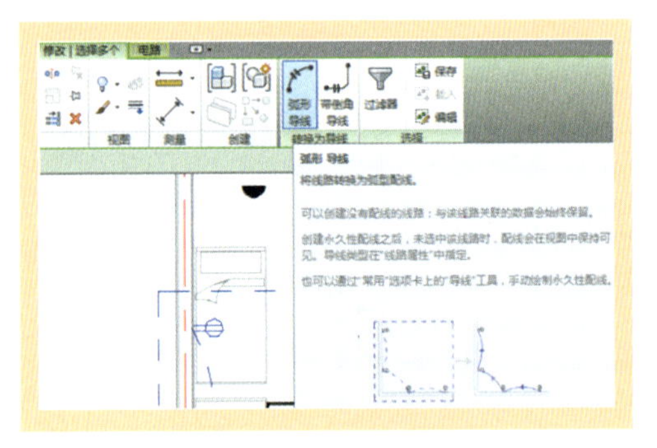

图 11-14　选择线路

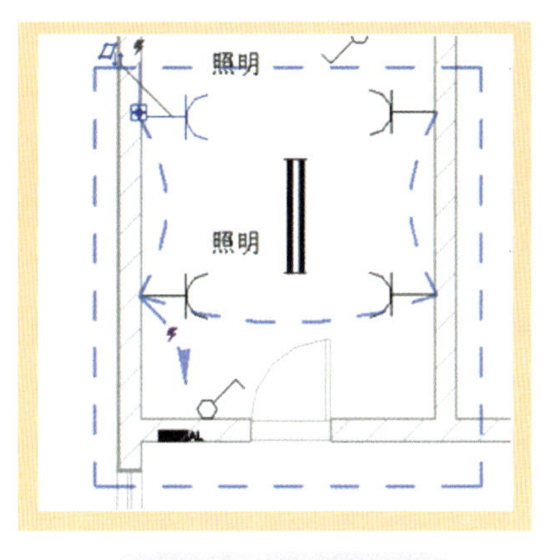

图 11-15　线路变粗前

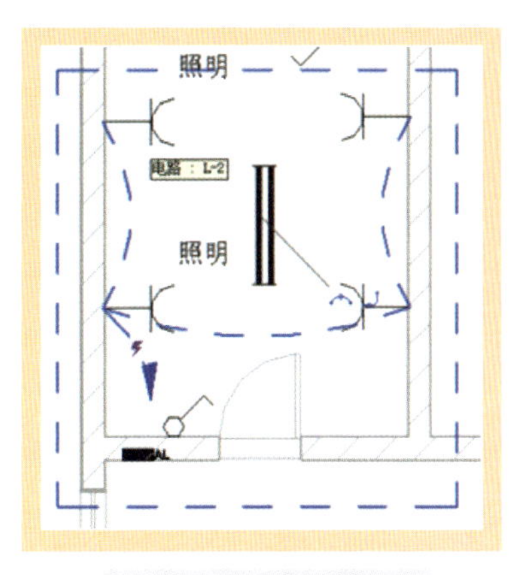

图 11-16　线路变粗后

任务五　电力系统荷载平衡

选择照明配电箱，单击“修改|电气设备”→“创建配电盘明细表”按钮，生成配电盘明细表，如图11-17和图11-18所示。

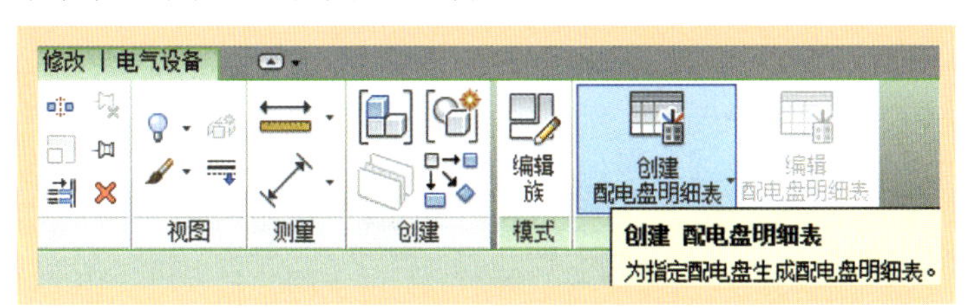

图 11-17　创建配电盘明细表

电力系统
荷载平衡

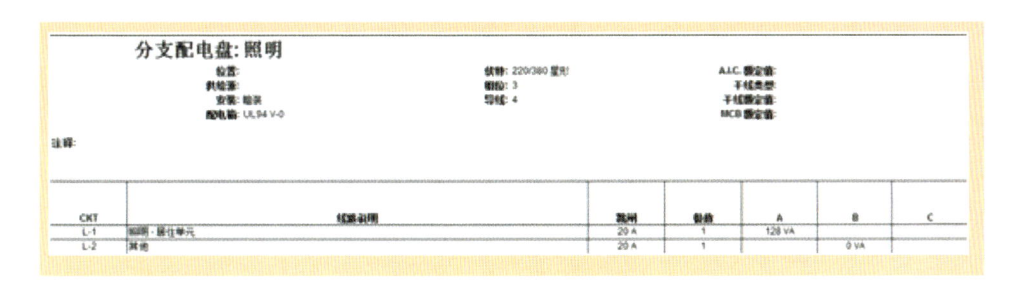

分支配电盘: 照明

位置:
供给源:
安装: 暗装
配电箱: UL94 V-0

220/380 星形
3
4

A.I.C. 额定值:
干线类型:
干线额定值:
MCB 额定值:

注释:

CKT	线路说明	跳闸	极数	A	B	C
L-1	照明 - 居住单元	20 A	1	128 VA		
L-2	其他	20 A	1		0 VA	

图 11-18　配电盘明细表

11.4　1+X 拓展练习

根据图11-19创建照明模型，要求布置照明灯具、开关和配电箱，灯具高度为 3.0 m，开关高度为1.5 m，配电箱高度为1.5 m。按照图纸对照明灯具、开关及配电箱进行导线连接，并创建配电盘明细表。

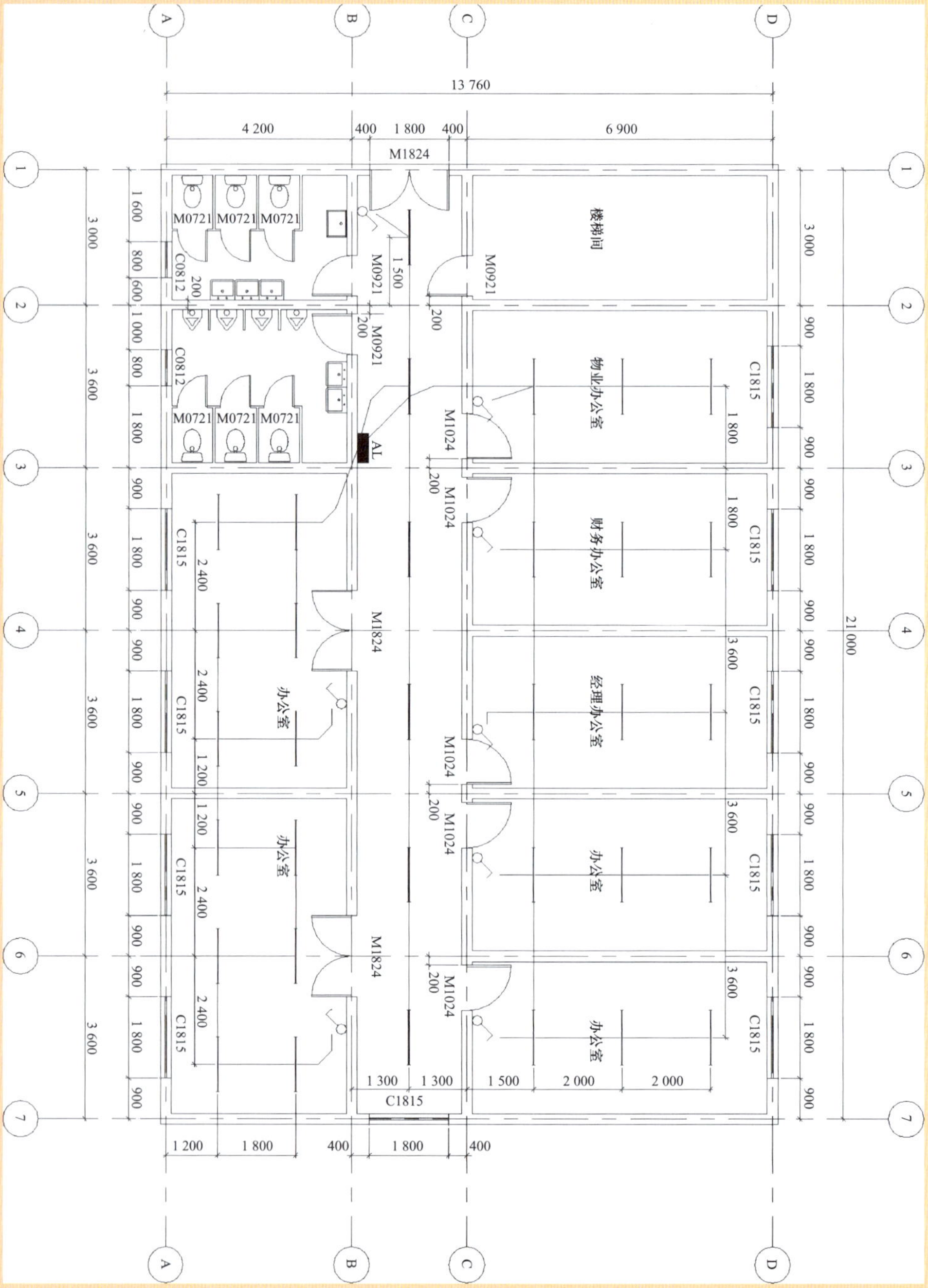

1 2 3 4 5 6 7

21 000

3 000 900 1 800 900 900 1 800 900 900 1 800 900 900 1 800 900 900 1 800 900

D

C1815 C1815 C1815 C1815 C1815

1 800 1 800 3 600 3 600 3 600

2 000 2 000 1 500

6 900

楼梯间 物业办公室 财务办公室 经理办公室 办公室 办公室

M0921

C

13 760

M1024 M1024 M1024 M1024 M1024

200 200 200 200 200

400 1 800 400

M1824

1 500

M0921 M0921

AL

M1824 M1824

400 1 300 C1815 1 800 1 300 400

B

4 200

M0721 M0721 M0721 M0721 M0721 M0721

办公室 办公室

200

C0812 C0812

2 400 2 400 1 200 1 200 2 400 2 400

C1815 C1815 C1815 C1815

1 800 1 200

A

1 600 800 600 1 000 800 1 800 900 1 800 900 900 1 800 900 900 1 800 900 900 1 800 900

3 000 3 600 3 600 3 600 3 600 3 600

1 2 3 4 5 6 7

首层电气平面图 1 : 100

图 11-19　首层电气平面图

第 4 篇

广联达软件应用

项目十二 GFC 导入 GCL 应用

12.1 项目说明

GCL可以直接建模，也可以导入Revit模型，本项目说明的情况是已有Revit模型的情况。

广联达G+工作平台的软件管家提供了GFC系列软件，如图12-1所示。可将Revit建筑、结构模型导出为广联达系列软件GCL、GTJ、GQI可读取的BIM模型。本项目以GFC、GCL为例予以说明。

图 12-1 广联达 G+ 工作平台系列 GFC

在广联达G+工作平台注册、登录后即可下载需要的GFC、GCL软件，安装成功后就可进行操作。

12.2 项目分析

通过GFC可将Revit设计文件转换为算量文件，一般流程如下：

（1）批量修改族名称；

（2）模型检查；

（3）导出GFC，如图12-2所示；

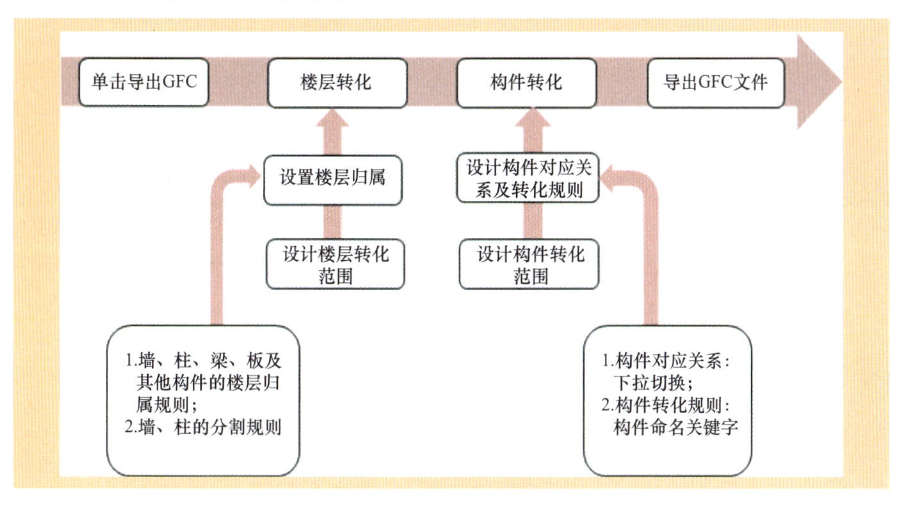

图 12-2　导出流程

（4）生成导出报告。

12.3　项目实施

任务一　Revit 导出到 GFC

步骤1　双击打开Revit项目文件，单击“广联达BIM算量”选项卡，出现“导出GFC”“模型检查”“批量修改族名称”等选项，如图12-3所示。

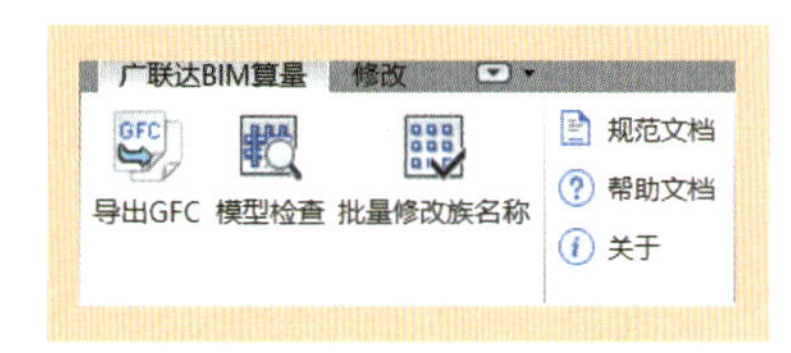

图 12-3　广联达 BIM 算量选项

步骤2　单击“批量修改族名称”选项，系统将会弹出如图12-4所示的“批量修改族名称”对话框，在对话框中可对“算量模型”名称进行修改，修改完成后单击“修改保存结果”按钮退出对话框。

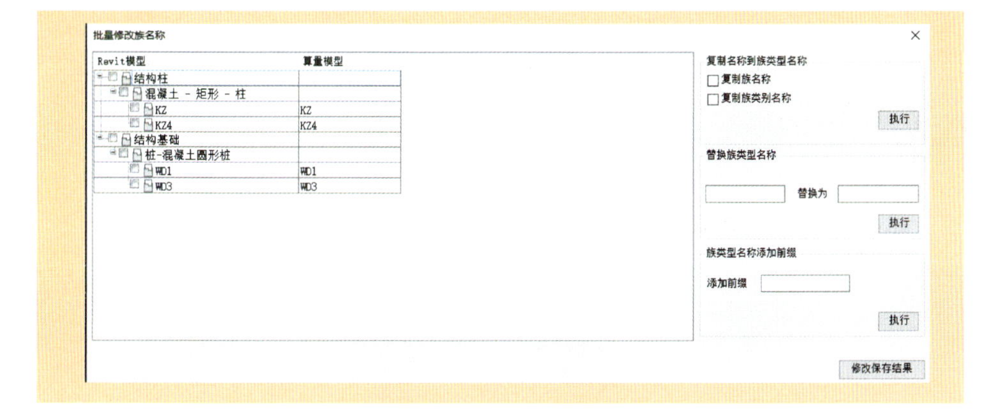

图 12-4　批量修改族名称

步骤3 单击“模型检查”选项，系统将会弹出如图12-5所示“模型检查”对话框，进行检查。

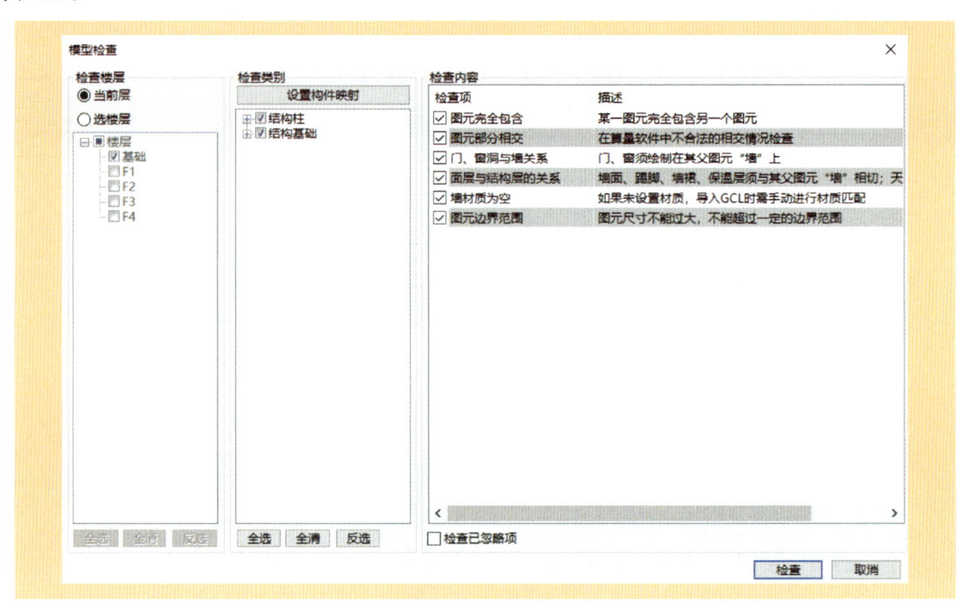

图 12-5 模型检查

步骤4 按照导出GFC提示，依次进行楼层转化、构件转化，如图12-6和图12-7所示。转化完成后单击“导出”即可。

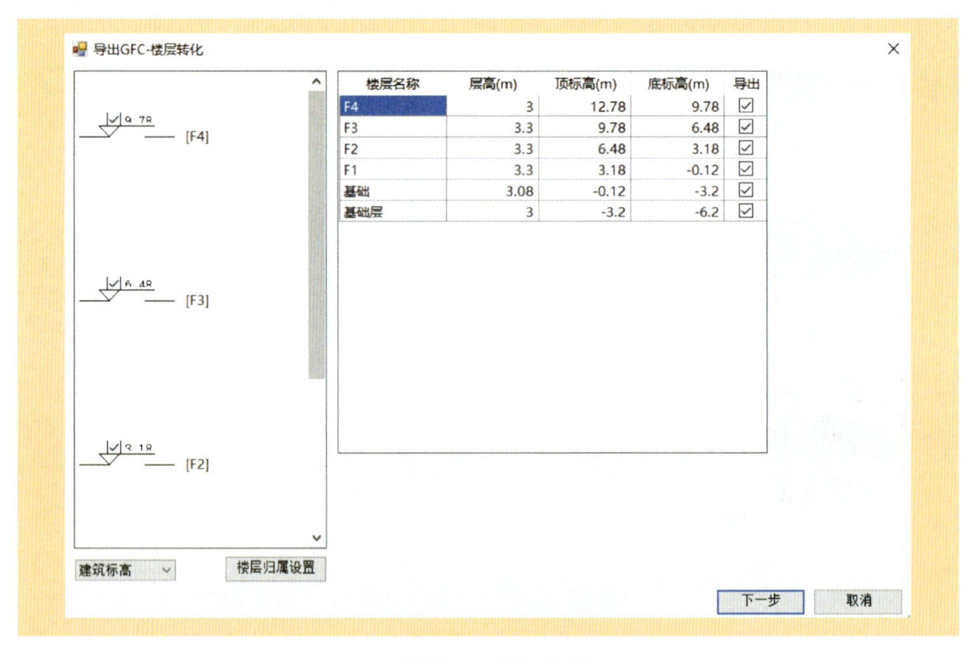

楼层名称	层高(m)	顶标高(m)	底标高(m)	导出
F4	3	12.78	9.78	☑
F3	3.3	9.78	6.48	☑
F2	3.3	6.48	3.18	☑
F1	3.3	3.18	-0.12	☑
基础	3.08	-0.12	-3.2	☑
基础层	3	-3.2	-6.2	☑

图 12-6 楼层转化

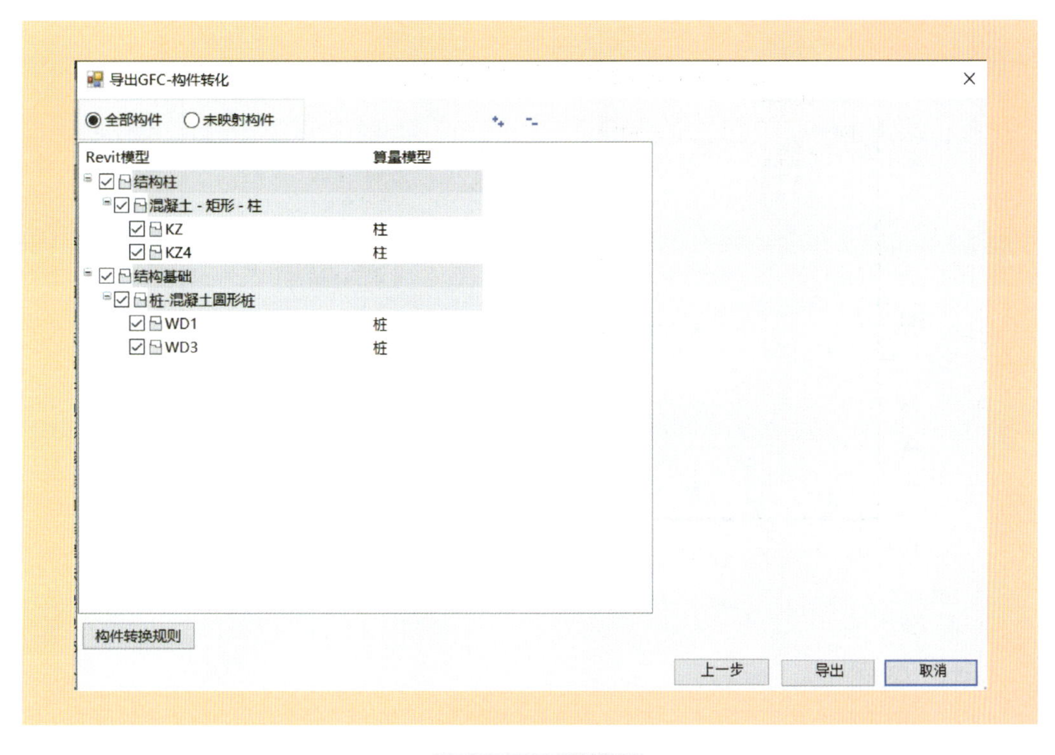

图 12-7　构件转化

步骤5　导出报告，当工程有未导出的构件时，软件会自动提示是否查看导出报告，单击“是”即可，如果工程没有未导出的构件，则不进行提示。

任务二　GFC 导出到 GCL

步骤1　新建 GCL 工程，单击“BIM应用”→“导入Revit交换文件（GFC）”→“单文件导入”，选择需要导入的 GFC 文件，单击打开，如图12-8所示。

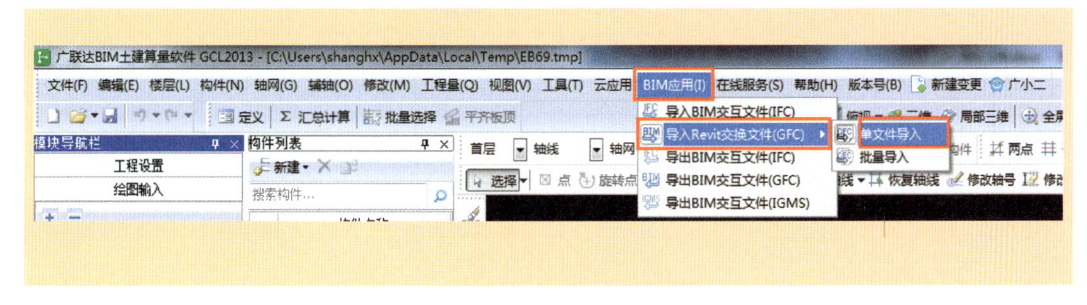

图 12-8　单文件导入

步骤2　单击“单文件导入”弹出“GFC文件导入向导”对话框，在楼层列表栏勾选需要导入的楼层；在构件列表栏勾选需要导入的构件。“GFC文件导入向导”对话框内容设置完成后，单击“完成”，如图12-9所示，软件自动进入导入过程界面，结束后单击“完成”。

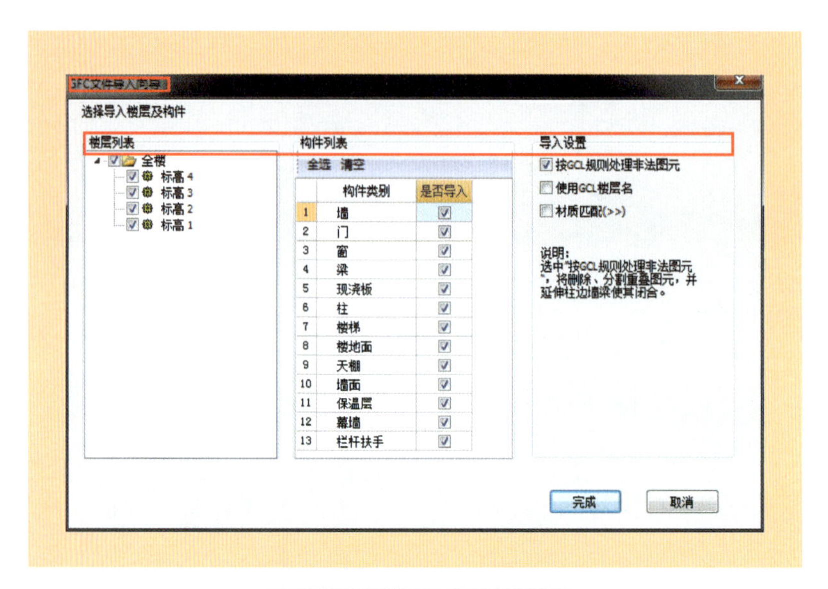

图 12-9　GFC 文件导入向导

步骤3　查看导入工程。

（1）单击“视图”→“构件图元显示设置”，系统将自动弹出“构件图元显示设置”对话框，如图12-10所示。

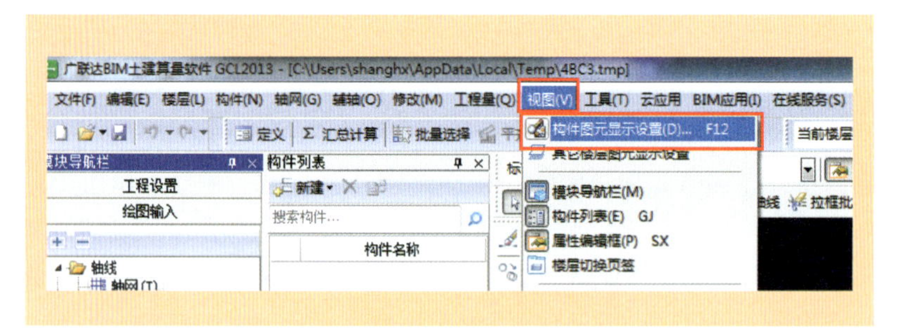

图 12-10　视图设置

（2）在“构件图元显示设置”对话框左侧栏目，勾选所有构件，单击“确定”，如图12-11所示。

（3）切换“当前楼层”为“全部楼层”，如图12-12所示，即可观察模型全貌。

步骤4　为构件套做法（可有可无，按实际需求）；通过套做法，可实现少画图多出量的目的。比如地面有3层做法，但是可以绘制1个面积，套3个做法，查看报表时选择“做法汇总分析表”即可查看所套做法的量，综上所述便实现绘制1个面积，但是出3个量的目的。

步骤5　汇总计算及模型调整，为了计算构件及所套做法的工程量，如汇总计算未通过，则需持续调整模型直至汇总计算通过。

（1）单击“汇总计算”，系统将自动弹出“确定执行计算汇总”对话框，如图12-13所示。

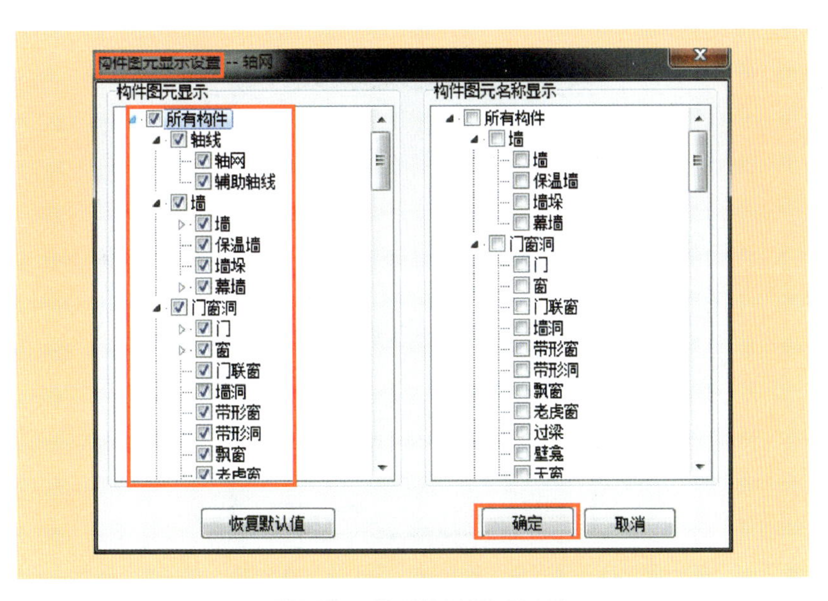

图 12-11　构件图元显示设置

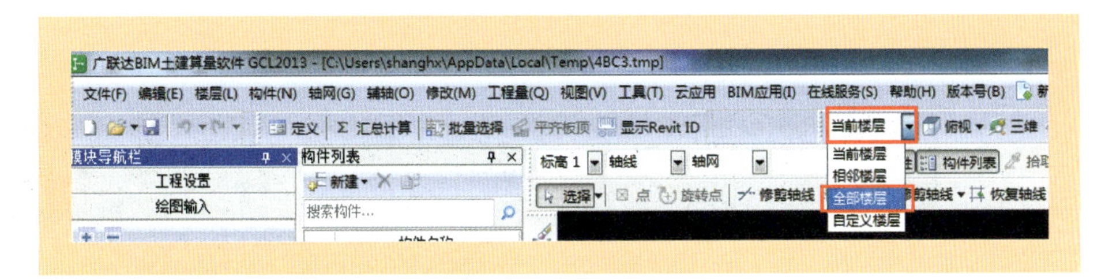

图 12-12　全部楼层

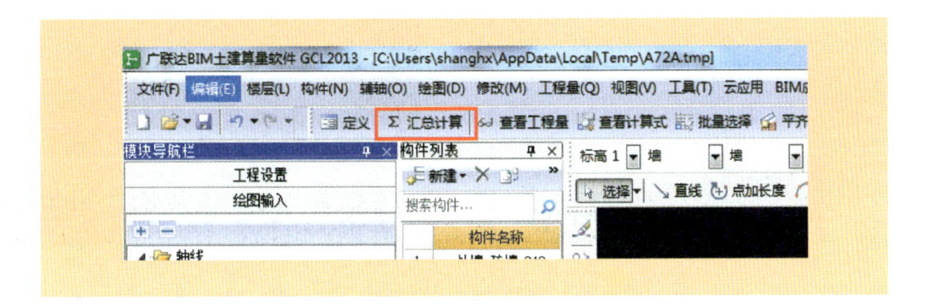

图 12-13　汇总计算

（2）在“确定执行计算汇总”对话框中选择需要汇总的楼层，单击“确定”按钮，如图12-14所示。

（3）当模型不符合 GCL 规则时，系统会出现错误提示，双击提示的错误行，可以定位到相应位置。从图12-15中可以看到，上下层墙重叠，依次手动修改错误即可。

（4）错误修改完成后再次进行汇总计算，汇总成功系统将会弹出“计算汇总”对话框，单击“关闭”按钮，如图12-16所示。

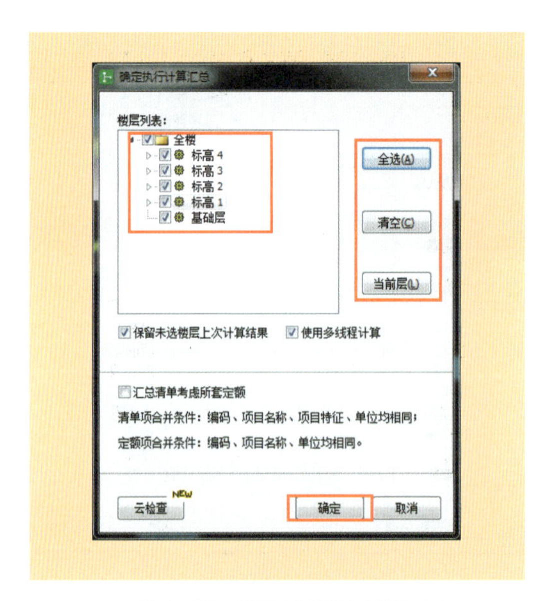

图 12-14　确定执行计算汇总

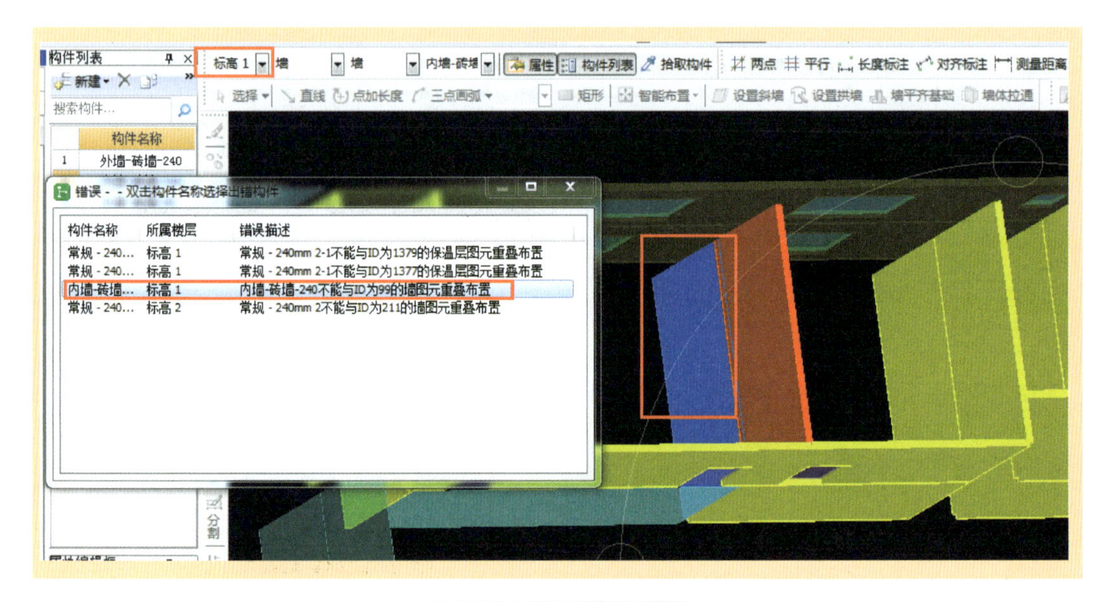

图 12-15　手动修改错误

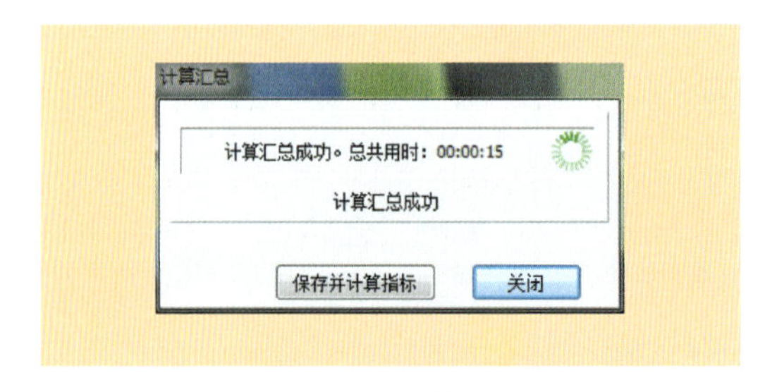

图 12-16　汇总成功

步骤6　查看工程量。

（1）单击左侧导航栏“报表预览”，软件自动弹出“设置报表范围”对话框，可以设置报表查看范围，单击“确定”按钮，如图12-17所示。

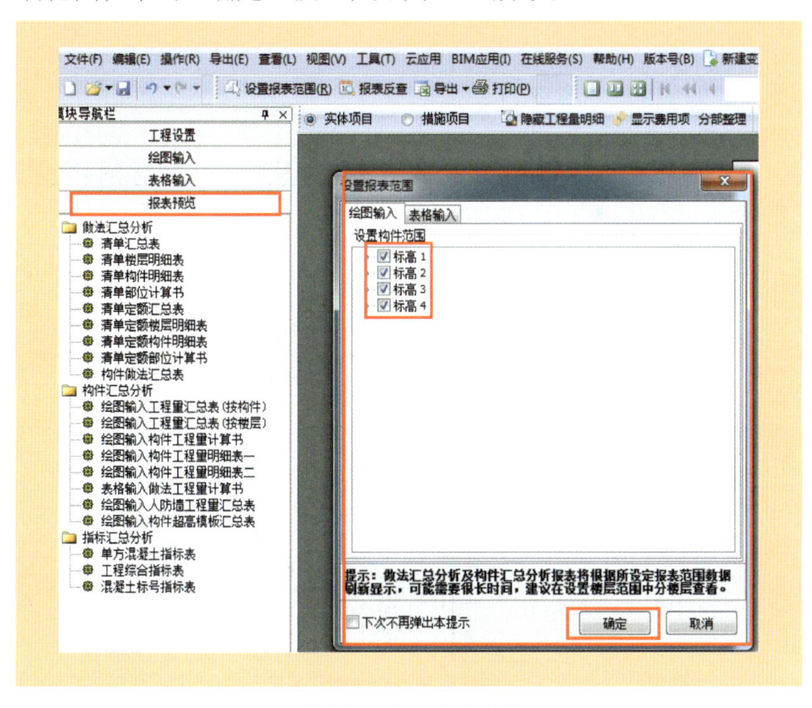

图 12-17　报表预览

（2）当套取了做法，便可以查看“做法汇总分析”，例如选择查看“清单定额汇总表”，如图12-18所示。

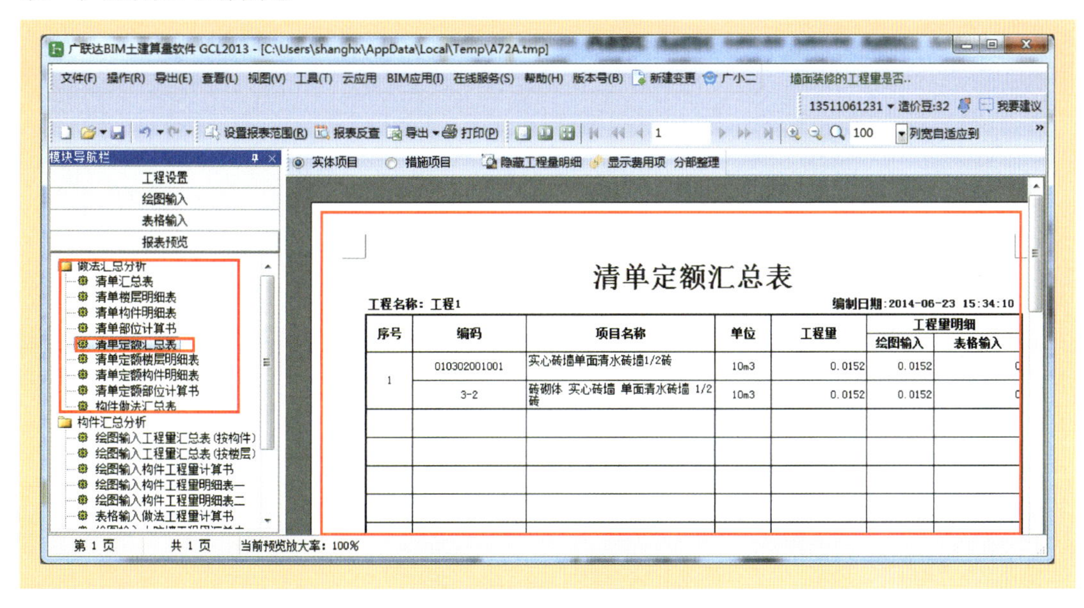

图 12-18　清单定额汇总表

（3）如没有套取做法，便可以直接查看“构件汇总分析”，例如选择查看“绘图输入工程量汇总表（按构件）”，如图12-19所示。

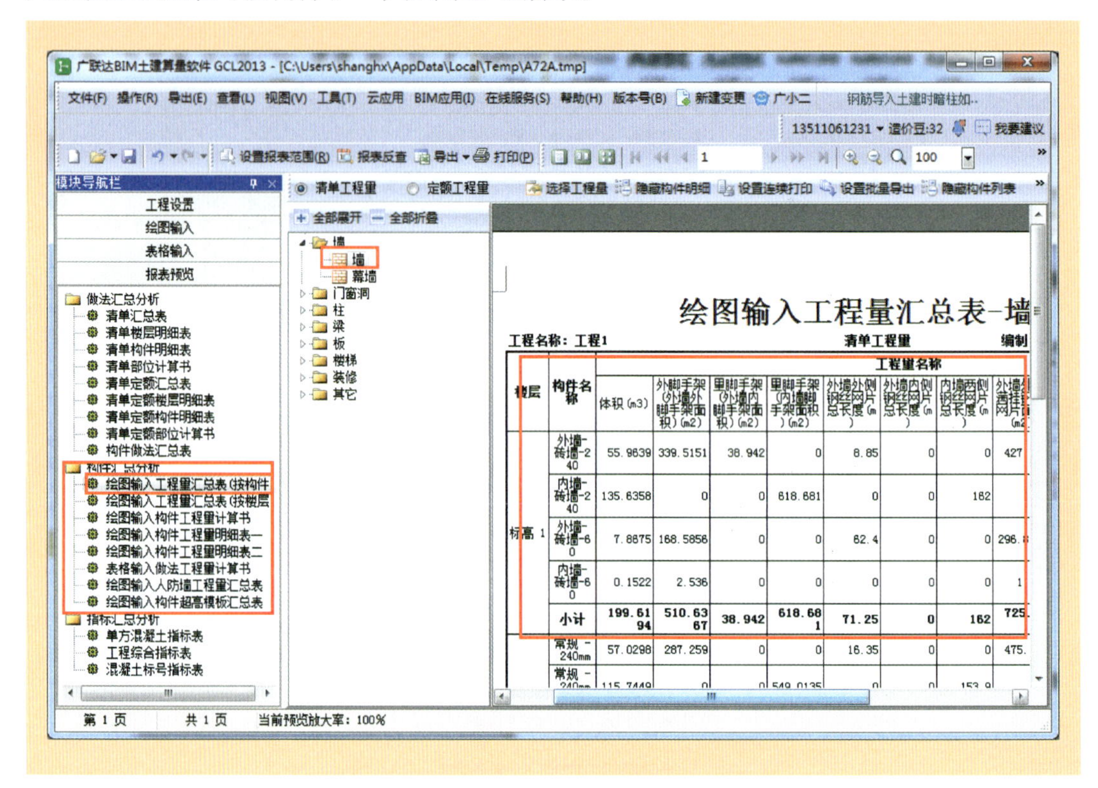

图 12-19　绘图输入工程量汇总表（按构件）

12.4　1+X 拓展练习

1. 土建建模及计量

按照提供的“一层楼梯平面图（图12-20）”“LT1二层楼梯平面图（图12-21）”“LT1剖面大样（图12-22）”进行建模并计算指定构件的清单工程量或实物量。

2. 模型建造

根据“一层楼梯平面图”“LT1二层楼梯平面图”“LT1剖面大样”，完成位于Ⓓ~Ⓔ/4~6轴，起止标高为−0.1~5.45 m处楼梯LT1模型建模［包括楼梯梯段、休息平台、楼面板及梯梁，具体见楼梯立体图（图12-23）］，TL1截面尺寸为200 mm × 400 mm，TL2截面尺寸为300 mm × 300 mm，TL3截面尺寸为200 mm × 400 mm，休息平台及楼面板厚度均为100 mm，其他尺寸如图所示；完成模型建造后，将模型文件另存为“1.1LT1模型”。

3. 工程量统计

计算楼梯清单工程量或实物量，将楼梯清单工程量保存为“1.2LT1 工程量清单”或

将实物量保存为“1.2LT1实物量清单”。

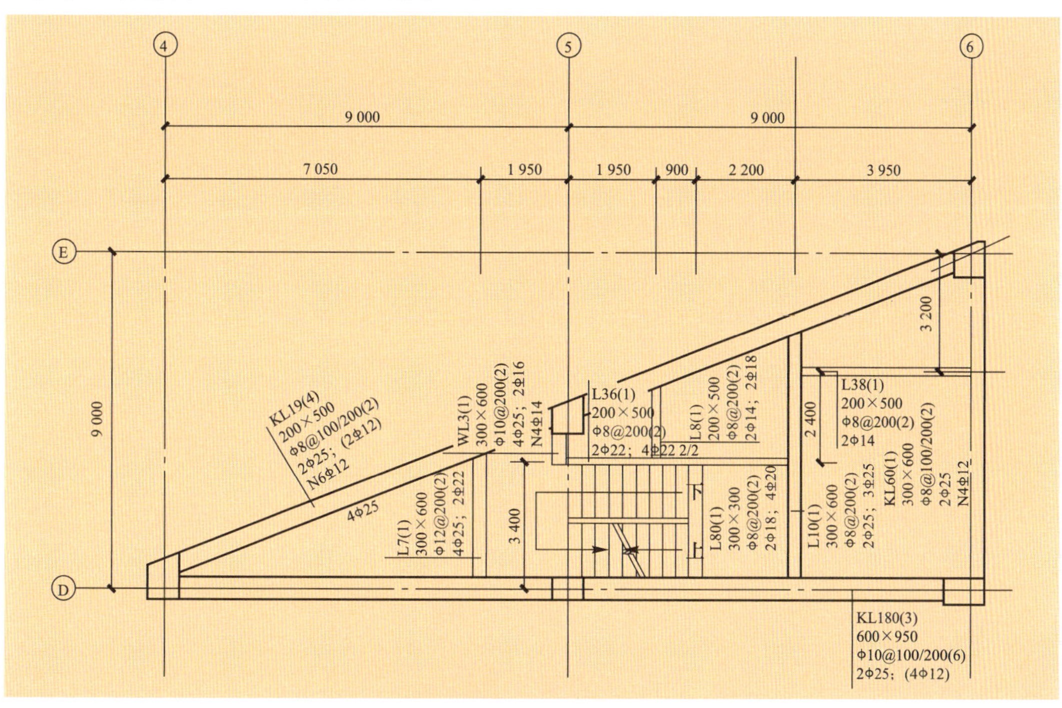

图 12-20　一层楼梯平面图

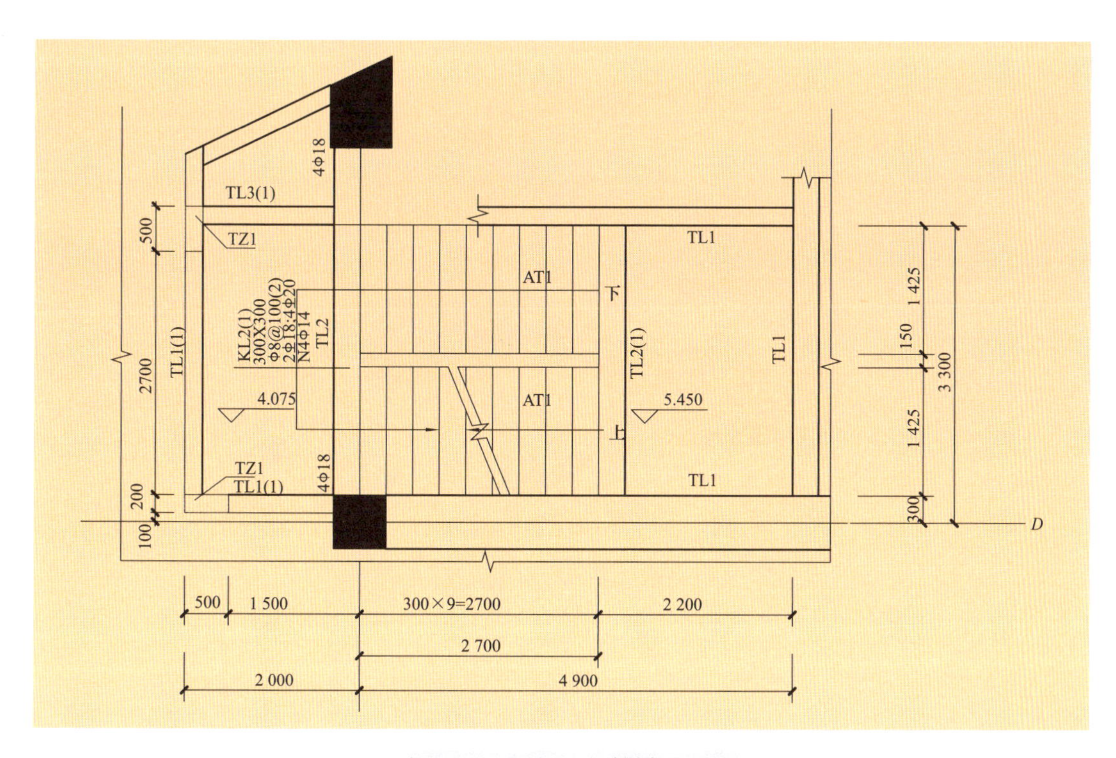

图 12-21　LT1 二层楼梯平面图

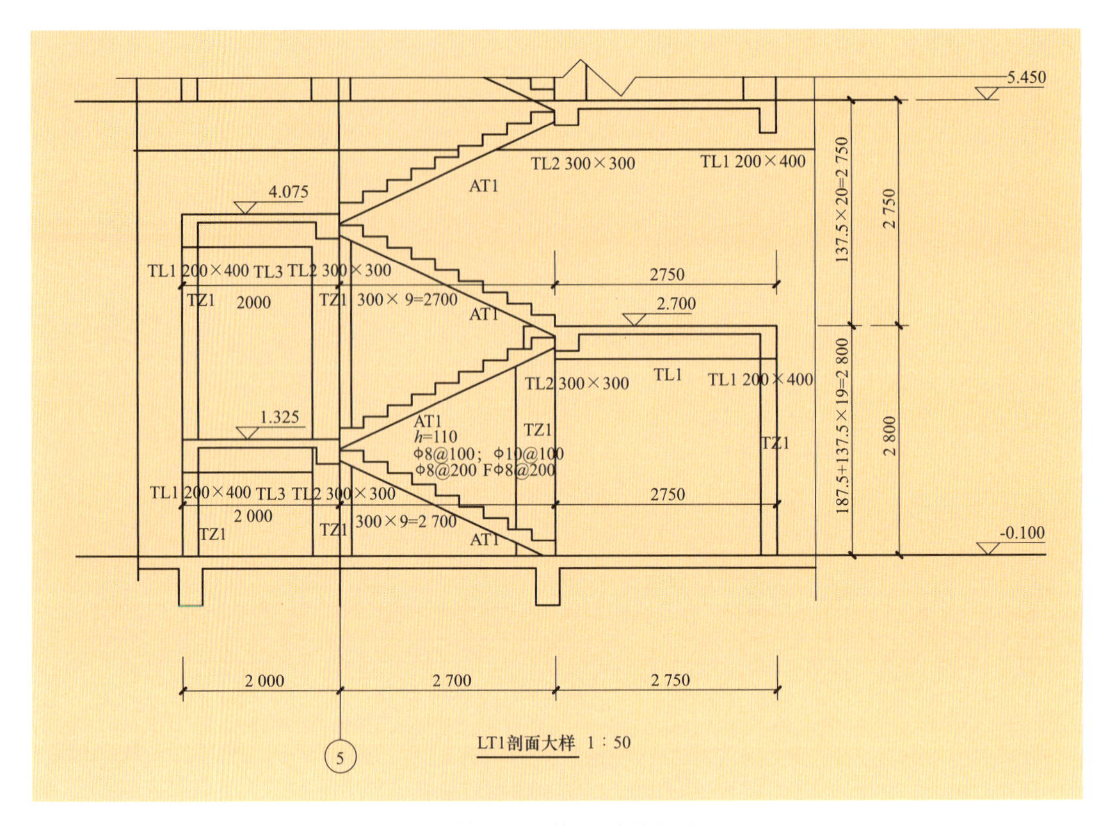

图 12-22　LT1 剖面大样

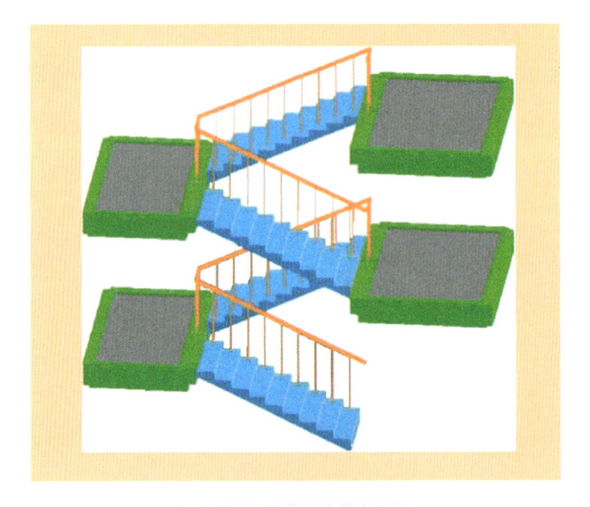

图 12-23　楼梯立体图

附 录

工具					
AL	对齐	MM	镜像	OF	偏移
TR	修剪 / 延伸	RO	旋转	CV	复制
RP	画参照线				
F7	工具 - 拼写检查	MA	工具 - 匹配	SF	工具 - 拆分面
PT	工具 - 填色	LW	工具 - 线处理	SL	工具 - 拆分墙和线
编辑快捷键					
DE	删除	UG	成组—解组	CG	成组—取消组
MD	修改	AD	成组—附着详图	RB	成组—恢复已排除构件
_	上次选择	LG	成组—链接组	RA	成组—全部恢复
SA	选择全部实例	PG	成组—组属性	GP	成组—创建组
MV	移动	EX	成组—排除构件	AP	成组—添加到组
PP	锁定位置	FG	成组—完成组	EG	成组—编辑
RO	旋转	MP	成组—将构件移到项目	RG	成组—从组中删除
UP	解锁位置	CS	创建类似实例	PR	属性
AR	陈列	RE	调整大小		
视图快捷键					
VP	视图属性	ZA	缩放—缩放全部以匹配	HH	临时隐藏 / 隔离—隐藏图元
F8 或 shift+W					
	动态修改动态	ZX	缩放—缩小匹配	HI	临时隐藏 / 隔离—隔离图元
VG	可见性 / 图形	ZS	缩放—图纸大小	HR	临时隐藏 / 隔离 - 重设临时隐藏 / 隔离
VV	可见性 / 图形	ZP	缩放—上次滚动 / 缩放	HC	临时隐藏 / 隔离—隐藏类别
WF	线框显示模式	ZC	缩放—上次滚动 / 缩放	IC	临时隐藏 / 隔离—隔离类别
HL	隐藏线	ZR	缩放—区域放大	EH	在视图中隐藏 - 图元
SD	带边框着色	ZZ	缩放—区域放大	EU	取消在视图中隐藏 - 图元
AG	高级模型图形	ZO	缩放—缩小两倍	VH	在视图中隐藏 - 类别
TL	细线	ZV	缩放—缩小两倍	VU	取消在视图中隐藏 - 类别
RR	渲染 - 光线追踪	ZF	缩放—缩小匹配		
F5	刷新	ZE	缩放—缩小匹配		
建模					
WA	墙	DR	门	RP	参照平面
WN	窗	CM	构件	LI	线
绘图					
DI	尺寸标注	DL	详图项线	RT	房间标记
GR	绘图 - 网格	TG	标记 - 按类别	RM	房间
EL	高程点标注 - 高程点	TX	文字	LL	标高
窗口					
WC	窗口 - 层叠	SO	关闭捕捉	SI	交点
WT	窗口平铺	SM	中点	SP	垂足
SW	工作平面网格	SC	中心	SR	捕捉远距离对象
SS	关闭替换	SQ	象限点	SE	端点
SX	点	SN	最近点	ST	切点
设置					
SU	设置 - 日光和阴影设置	UN	设置 - 项目单位		

References 参考文献

[1] Autodesk，Inc. Autodesk Revit Architecture 2019官方标准教程［M］. 北京：电子工业出版社，2019.

[2] 李恒，孔娟. Revit 2015中文版基础教程［M］. 北京：清华大学出版社，2015.

[3] 王君峰，廖小烽. Revit Architecture 2010建筑设计火星课堂［M］. 2版. 北京：人民邮电出版社，2012.

[4] 黄亚斌，王全杰，赵雪锋. Revit建筑应用实训教程［M］. 北京：化学工业出版社，2016.

[5] 黄亚斌，王全杰，杨勇. Revit机电应用实训教程［M］. 北京：化学工业出版社，2016.

[6] 赵世广. 建筑Revit建模基础［M］. 北京：中国建筑工业出版社，2017.

[7] 何凤，梁瑛. Revit 2016中文版建筑设计从入门到精通［M］. 北京：人民邮电出版社，2017.